混合料配合比设计与应用

主　编　王新华
副主编　董荣书　韦锦兵
主　审　韦生根　郭奉波

北京理工大学出版社
BEIJING INSTITUTE OF TECHNOLOGY PRESS

内 容 提 要

本书以工作任务为驱动，将工作过程解构成多个任务，再根据学生的学习认知规律和职业成长规律，将各个任务按一定的逻辑关系重构序化，转换成学习过程，使知识、技能和素质目标有效融合。本书共分为五个项目，分别为矿质混合料组成设计与应用、沥青混合料配合比设计与应用、水泥混凝土配合比设计与应用、砂浆配合比设计与应用、无机结合料稳定材料配合比设计与应用。

本书可作为高等院校土建类专业教材，也可作为土建类工程技术人员岗位培训教材及参考学习用书。

图书在版编目(CIP)数据

混合料配合比设计与应用 / 王新华主编.—北京：北京理工大学出版社，2021.6（2021.7重印）

ISBN 978-7-5682-9899-5

Ⅰ.①混…　Ⅱ.①王…　Ⅲ.①混凝土—配合料—混合比—高等学校—教材　Ⅳ.①TU528.062

中国版本图书馆CIP数据核字（2021）第111685号

出版发行 / 北京理工大学出版社有限责任公司

社　　址 / 北京市海淀区中关村南大街5号

邮　　编 / 100081

电　　话 /（010）68914775（总编室）

（010）82562903（教材售后服务热线）

（010）68948351（其他图书服务热线）

网　　址 / http://www.bitpress.com.cn

经　　销 / 全国各地新华书店

印　　刷 / 北京紫瑞利印刷有限公司

开　　本 / 787毫米 × 1092毫米　1/16

印　　张 / 11.5

字　　数 / 281千字

版　　次 / 2021年6月第1版　2021年7月第2次印刷

定　　价 / 35.00元

责任编辑 / 孟祥雪

文案编辑 / 孟祥雪

责任校对 / 周瑞红

责任印制 / 边心超

前　言

随着社会经济的迅速发展，我国在基础设施建设上投入巨大，其中很大一部分属于土木工程领域。要保证国民安全使用结构物，质量是保证安全的第一要素，而混合料配合比设计又是保证结构物质量的第一要素。本书以任务驱动、工作过程系统化为导向进行设计，以国家和交通运输部颁布的新技术标准、规范和试验规程为依据，理论与实例相结合，通俗易懂。本书是为高等院校土建类专业的学生及土木工程一线从业人员编写的一本内容齐全、针对性强、简洁实用的实训指导教材及参考学习资料。

本书共由五个项目组成，分别是矿质混合料组成设计与应用、沥青混合料配合比设计与应用、水泥混凝土配合比设计与应用、砂浆配合比设计与应用、无机结合料稳定材料配合比设计与应用。

本书由贵州交通职业技术学院王新华担任主编，贵州交通职业技术学院董荣书、韦锦兵任副主编。具体编写分工为：项目一、项目二由董荣书编写；项目三、项目五由王新华编写；项目四由韦锦兵编写。全书由贵州交通职业技术学院韦生根、贵州省公路工程集团有限公司郭奉波主审。本书在编写过程中参考了国内有关专著、技术标准、试验报告，在此向有关作者和单位一并表示感谢。

由于时间仓促，编者学术水平和教学实践经验有限，本书中难免存在错误和疏漏，恳请读者谅解并提出宝贵意见，以便进行修改和完善。

编　者

目　录

项目一　矿质混合料组成设计与应用

学习目标

1. 知识目标

(1)掌握矿质混合料组成设计流程；

(2)掌握矿质混合料组成设计计算。

2. 技能目标

能根据工程实际，进行矿质混合料组成设计。

3. 素质目标

(1)培养善于思考、科学严谨的思维模式和执行能力；

(2)培养善于沟通、团队协作的互助能力。

技术标准

(1)《建设用卵石、碎石》(GB/T 14685—2011)；

(2)《建设用砂》(GB/T 14684—2011)。

试验规程

《公路工程集料试验规程》(JTG E 42—2005)。

项目一　任务单

任务名称	矿质混合料组成设计	上课地点	集料室	建议学时	8
任务目的	确保土建工程结构物所使用的矿质混合料技术条件满足设计和施工要求，保证质量，经济合理				
适用范围	适用于工业与民用建筑及一般构筑物中所采用的矿质混合料组成设计				

续表

<table>
<tr><td>任务名称</td><td colspan="2">矿质混合料组成设计</td><td>上课地点</td><td>集料室</td><td>建议学时</td><td>8</td></tr>
<tr><td rowspan="2">任务目标</td><td colspan="6">知识目标：
1. 理解矿质混合料的原材料性能、技术要求和试验原理；
2. 掌握矿质混合料组成设计的依据、步骤和要点；
3. 掌握各种矿质集料试验及评定方法；
4. 了解矿质混合料组成设计试验时可能发生的安全隐患与安全要求</td></tr>
<tr><td colspan="6">能力目标：
1. 能够根据计算矿质混合料组成设计的方法，正确计算矿质混合料组成设计；
2. 能够正确进行各种矿质集料试验操作；
3. 能够正确填写各种矿质集料试验记录表；
4. 能够正确处理各种矿质集料试验数据</td></tr>
<tr><td>任务要求</td><td colspan="6">1. 以小组为单位开展检测，每组 6 人；
2. 能正确使用、整理仪器设备，不故意损坏；
3. 按规范要求完成检验过程，认真准确填写检验记录；
4. 根据检验数据正确计算并评定矿质混合料组成要求</td></tr>
<tr><td>安全、卫生要求</td><td colspan="6">1. 不要频繁开、关摇筛机，停机后应切断电源；
2. 使用标准套筛时，不要用力敲打撞击；
3. 注意电子天平的感量和称量范围，不能用力按压、锤打天平；
4. 应保持工作场地清洁，设备使用后应清扫仪器上的碎屑和脏物</td></tr>
<tr><td rowspan="7">仪器设备</td><td>序号</td><td>名称</td><td colspan="2">规格型号</td><td>数量</td><td>使用要求与要点</td></tr>
<tr><td>1</td><td>标准筛</td><td colspan="2">0.15 mm、0.3 mm、0.6 mm、1.18 mm、2.36 mm、4.75 mm、9.5 mm(细集料)/9.5 mm、16.5 mm、19 mm、26.5 mm、31.5 mm、37.5 mm(粗集料)</td><td>各 1</td><td>防撞、防挤压变形，轻拿轻放</td></tr>
<tr><td>2</td><td>摇筛机</td><td colspan="2"></td><td>1</td><td>按照筛孔大小顺序叠放套筛加上筛具底盘后紧固套筛，注意用电安全，用毕擦拭</td></tr>
<tr><td>3</td><td>电子天平</td><td colspan="2">称量 1 kg，感量不大于 0.5 g(细集料)/感量不大于试样质量的 0.1%(粗集料)</td><td>1</td><td>注意称量范围，逐级加荷，切勿超量，轻拿轻放，水平放置</td></tr>
<tr><td>4</td><td>铲子</td><td colspan="2"></td><td>1</td><td>防撞、轻拿轻放</td></tr>
<tr><td>5</td><td>盘子</td><td colspan="2"></td><td>2</td><td>防撞、轻拿轻放</td></tr>
<tr><td>6</td><td>毛刷</td><td colspan="2"></td><td>1</td><td>防水</td></tr>
<tr><td rowspan="2">成果提交</td><td>1</td><td colspan="5">顺利完成试验，并保持仪器设备完好入库</td></tr>
<tr><td>2</td><td colspan="5">填写完整的矿质集料试验记录表</td></tr>
</table>

模块一　相关知识

一、矿质混合料的基本要求

道路与桥梁用砂石材料，大多数以矿质混合料的形式与各种结合料（如水泥或沥青等）组成混合料使用。欲使水泥混凝土和沥青混合料具备优良的路用性能，除各种矿质集料的技术性质应符合技术要求外，矿质混合料还必须满足最小空隙率和最大摩擦力的基本要求。

1. 最小空隙率

不同粒径的各级矿质集料按一定比例搭配，使其组成一种具有最大密实度（最小空隙率）的矿质混合料。

2. 最大摩擦力

各级矿质集料在进行比例搭配时，应使各级集料紧密排列，形成一个多级空间骨架结构，且具有最大的摩擦力。

为达到上述要求，必须对矿质混合料进行组成设计，其内容如下：

(1)级配理论和级配范围的确定。

(2)基本组成的设计方法。

二、矿质混合料的级配类型

将各种不同粒径的集料，按照一定比例搭配，以达到最大密实度和最大摩擦力的要求，可以采用以下两类级配。

1. 连续级配

连续级配是指某一矿料在标准套筛中进行筛分后，矿料的颗粒由大到小连续分布，每一级都占有适当的比例。连续级配曲线平顺圆滑，具有连续性，相邻粒径与粒料之间有一定的比例关系。

2. 间断级配

间断级配是在矿质混合料中剔除其中一个或连续几个粒级而形成一种不连续的级配。

连续级配和间断级配的曲线如图 1-1 所示。

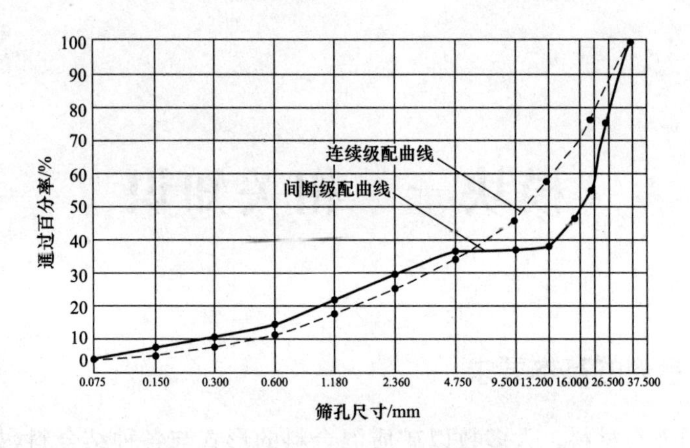

图 1-1　连续级配和间断级配的曲线

三、思考与检测

检测报告见表 1-1。

表 1-1　检测报告

日期：　　　　　　　班级：　　　　　　　组别：　　　　　　　姓名：　　　　　　　学号：

<table>
<tr><td>检测模块/任务</td><td colspan="2"></td></tr>
<tr><td>检测目的</td><td colspan="2"></td></tr>
<tr><td colspan="3">检测内容：
1. 什么是矿质混合料？
2. 矿质混合料需要满足什么基本需求？
3. 为什么要对矿质混合料进行组成设计？
4. 什么是连续级配？
5. 什么是间断级配？</td></tr>
<tr><td colspan="3">答题区：（位置不够，可另行加页）</td></tr>
<tr><td colspan="3">纠错与提升：（位置不够，可另行加页）</td></tr>
<tr><td colspan="3">检测总结：（位置不够，可另行加页）</td></tr>
<tr><td rowspan="4">考核评定</td><td>考核方式</td><td>总评成绩</td></tr>
<tr><td>自评：</td><td rowspan="3"></td></tr>
<tr><td>互评：</td></tr>
<tr><td>教师评：</td></tr>
</table>

模块二　矿质混合料的组成设计

天然的或人工轧制的单一集料的级配一般很难完全符合某一级配范围的要求，因此，必须采用几种集料按照一定比例进行搭配才能达到级配范围的要求，这就需要对矿质混合料进行配合比组成设计。确定矿质混合料配合比的方法主要采用数解法和图解法。

无论采用哪种方法，必须具备以下两项已知条件：

(1)各种集料的筛分结果。

(2)按技术规范(或级配理论)要求，计算出需要的矿质混合料的级配范围。

任务一　数解法

一、数解法——试算法

1. 基本原理

试算法适用2～3种集料组成的混合料，是最简单的一种方法。此方法的基本原理：现有几种矿质集料，欲配制成某一种符合一定级配要求的矿质混合料，决定各组成集料在混合料中的比例时，先假定混合料中某种粒径的颗粒是由某一种对这一粒径占优势的集料组成，而其他各种集料中不含有此粒径颗粒。这样即可根据各个主要粒径去试算各种集料在混合料中的大致比例，再经过校核调整，最终获得满足混合料级配要求的各集料的配合比例。

例如，现有 A、B、C 三种集料，欲配制成某一级配要求的混合料 M。确定这三种集料在混合料 M 中的配合比例(配合比)，按题意做下列两点假设

(1)假设 X、Y、Z 为 A、B、C 三种集料组成矿质混合料 M 的配合比例，则

$$X+Y+Z=100 \tag{1-1}$$

(2)假设混合料 M 中某一级粒径(i)要求的含量为 $a_{M(i)}$，A、B、C 三种集料在原来级配中此粒径(i)颗粒的含量分别为 $a_{A(i)}$、$a_{B(i)}$、$a_{C(i)}$，则

$$a_{A(i)} \cdot X+a_{B(i)} \cdot Y+a_{C(i)} \cdot Z=a_{M(i)} \tag{1-2}$$

2. 计算步骤

(1)由假设(1)可知，混合料 M 中某一级粒径(i)主要由 A 集料所提供(A 集料占优势)，而忽略其他集料在此粒径的含量，这样即可计算出 A 集料在混合料中的用量比例。

按假设(1)得 $a_{B(i)}=a_{C(i)}=0$，代入式(1-2)，得 $a_{A(i)} \cdot X=0$，故

$$X=\frac{a_{M(i)}}{a_{A(i)}}\times 100 \tag{1-3}$$

(2)由假设(2)可知，混合料 M 中某一级粒径(j)由 C 集料占优势，同理可计算出 C 集料在混合料中的用量比例。

按假设(2)得 $a_{C(j)}\cdot Z=a_{M(j)}$，故

$$Z=\frac{a_{M(j)}}{a_{C(j)}}\times 100 \tag{1-4}$$

(3)由式(1-5)可以计算出 B 集料在混合料中的用量比例，即

$$Y=100-(X+Z) \tag{1-5}$$

(4)校核。按上述步骤即可计算出 A、B、C 三种集料组成矿质混合料的配合比 X、Y、Z。经校核，如不在要求的级配范围内，应调整配合比，重新计算和校核。

二、实际应用

【例 1-1】 试用试算法设计某一级公路面层用沥青混凝土混合料的矿质混合料的配合比。

【设计资料】

现有碎石、砂和矿粉三种集料，经筛分试验，各集料的分计筛余百分率列于表 1-2，并列有按推荐要求设计混合料的级配范围。

表 1-2 原有集料的分计筛余和混合料要求的级配范围

筛孔尺寸 d_i /mm	碎石分计筛余 $a_{A(i)}$/%	砂分计筛余 $a_{B(i)}$/%	矿粉分计筛余 $a_{C(i)}$/%	矿质混合料要求级配范围的通过百分率/%
13.2	0.8	—	—	100
4.75	60.0	—	—	63～78
2.36	23.5	10.5	—	40～63
1.18	14.4	22.1	—	30～53
0.6	1.3	19.4	4.0	22～45
0.3	—	36.0	4.0	15～35
0.15	—	7.0	5.5	12～30
0.075	—	3.0	3.2	10～25
<0.075	—	2.0	83.3	—

【设计要求】

试求碎石、砂和矿粉三种集料在矿质混合料中的用量比例。

解： (1)先将矿质混合料要求级配范围的通过百分率换算为分计筛余百分率，计算结果列于表 1-3，并设碎石、砂、矿粉的配合比为 X、Y、Z。

表 1-3　原有集料和要求级配范围的分计筛余

筛孔尺寸 d_i /mm	碎石分计筛余 $a_{A(i)}/\%$	砂分计筛余 $a_{B(i)}/\%$	矿粉分计筛余 $a_{C(i)}/\%$	要求级配范围通过率的中值/%	要求级配范围累计筛余中值/%	要求级配范围分计筛余中值/%
13.2	0.8	—	—	100	—	—
4.75	60.0	—	—	70.5	29.5	29.5
2.36	23.5	10.5	—	51.5	48.5	19.0
1.18	14.4	22.1	—	41.5	58.5	10.0
0.6	1.3	19.4	4.0	33.5	66.5	8.0
0.3	—	360	4.0	25.0	75.0	8.5
0.15	—	7.0	5.5	21.0	79.0	4.0
0.075	—	3.0	3.2	17.5	82.5	3.5
<0.075	—	2.0	83.3	—	100.0	17.5

(2)由表 1-3 可知，碎石中 4.75 mm 粒径颗粒含量占优势，假设混合料中 4.75 的粒径全部由碎石提供，$a_{B(4.75)}=a_{C(4.75)}=0$，由式(1-3)可得碎石在矿质混合料中的用量比例：

$$X=\frac{a_{M(4.75)}}{a_{A(4.75)}}\times 100\%=\frac{29.5}{60.0}\times 100\%=49\%$$

(3)同理，由表 1-3 可知，矿粉中<0.075 mm 的粒径颗粒含量占优势，忽略碎石和砂中此粒径颗粒的含量，即 $a_{A(<0.075)}=a_{B(<0.075)}=0$，则由式(1-4)可得矿粉在矿质混合料中的用量比例：

$$Z=\frac{a_{M(<0.075)}}{a_{C(<0.075)}}\times 100\%=\frac{17.5}{83.3}\times 100\%=21\%$$

(4)由式(1-5)可得，砂在矿质混合料中的用量比例：

$$Y=100-(X+Z)=100\%-(49\%+21\%)=30\%$$

(5)校核。以试算所得配合比 $X=49\%$，$Y=30\%$，$Z=21\%$，按表 1-4 进行校核。

表 1-4　矿质混合料配合比组成计算校核

筛孔尺寸 d_i /mm	碎石			砂			矿粉			矿质混合料			要求级配范围通过百分率/%
	原来级配分计筛余 $a_{A(i)}$ /%	用量比例 $X/\%$	占混合料百分率 $a_{A(i)}X/\%$	原来级配分计筛余 $a_{B(i)}$ /%	用量比例 $Y/\%$	占混合料百分率 $a_{B(i)}Y/\%$	原来级配分计筛余 $a_{C(i)}$ /%	用量比例 $Z/\%$	占混合料百分率 $a_{C(i)}Z/\%$	分计筛余/%	累计筛余/%	通过百分率/%	
13.2	0.8		0.4	—			—		—	0.4	0.4	99.6	100
4.75	60.0		29.4	—			—		—	29.4	29.8	70.2	63～78
2.36	23.5	49	11.5	10.5		3.2	—		—	14.7	44.5	55.5	40～63
1.18	14.4		7.1	22.1		6.6	—		—	13.7	58.2	41.8	30～53
0.6	1.3		0.6	19.4		5.8	4.0		0.8	7.2	65.4	34.6	22～45
0.3	—		—	36.0	30	10.8	4.0		0.8	11.6	77.0	23.0	15～35

续表

筛孔尺寸 d_i /mm	碎石			砂			矿粉			矿质混合料			要求级配范围通过百分率 /%
	原来级配分计筛余 $a_{A(i)}$ /%	用量比例 X/%	占混合料百分率 $a_{A(i)}$ X/%	原来级配分计筛余 $a_{B(i)}$ /%	用量比例 Y/%	占混合料百分率 $a_{B(i)}$ Y/%	原来级配分计筛余 $a_{C(i)}$ /%	用量比例 Z/%	占混合料百分率 $a_{C(i)}$ Z/%	分计筛余 /%	累计筛余 /%	通过百分率 /%	
0.15	—		—	7.0		2.1	5.5	21	1.2	3.3	80.3	19.7	12～30
0.075	—		—	3.0		0.9	3.2		0.7	1.6	81.9	18.1	10～25
<0.075	—		—	2.0		0.6	83.3		17.5	18.1	100	—	—
校核	Σ=100		Σ=49	Σ=100		Σ=30	Σ=100		Σ=21	Σ=100			

根据校核结果，符合级配范围要求。如不符合级配范围要求，应调整配合比再进行试算。经几次调整，逐步接近，直至达到要求。如经计算确实不能符合级配要求，则应调整或增加集料品种。

三、思考与检测

检测报告见表1-5。

表1-5 检测报告

日期： 班级： 组别： 姓名： 学号：

检测模块/任务		
检测目的		
检测内容： 1. 确定矿质混合料配合比必须具备什么已知条件？ 2. 试算法的基本原理是什么？ 3. 简述试算法的计算步骤。		
答题区：（位置不够，可另行加页）		
纠错与提升：（位置不够，可另行加页）		
检测总结：（位置不够，可另行加页）		
考核评定	考核方式	总评成绩
	自评：	
	互评：	
	教师评：	

任务二　图解法

我国现行规范推荐采用图解法为修正平衡面积法。由三种以上的集料进行组配时，采用此方法进行设计十分方便。

一、修正平衡面积法的设计步骤

1. 绘制级配曲线图

(1)计算要求级配范围通过百分率的中值，作为设计依据。

(2)根据级配范围中值，确定相应的横坐标的位置。先绘制一个长方形图框，通常纵坐标通过百分率的线长取 10 cm，横坐标筛孔尺寸的线长取 15 cm。连接对角线 OO'(图 1-2)作为合成级配的中值。纵坐标按算术坐标，标出通过百分率(0%～100%)。根据合成级配中值要求的各筛孔通过百分率，从纵坐标引平行线与对角线相交，再从交点作垂线与横坐标相交，其交点即级配范围中值所对应的各筛孔尺寸(mm)的位置。

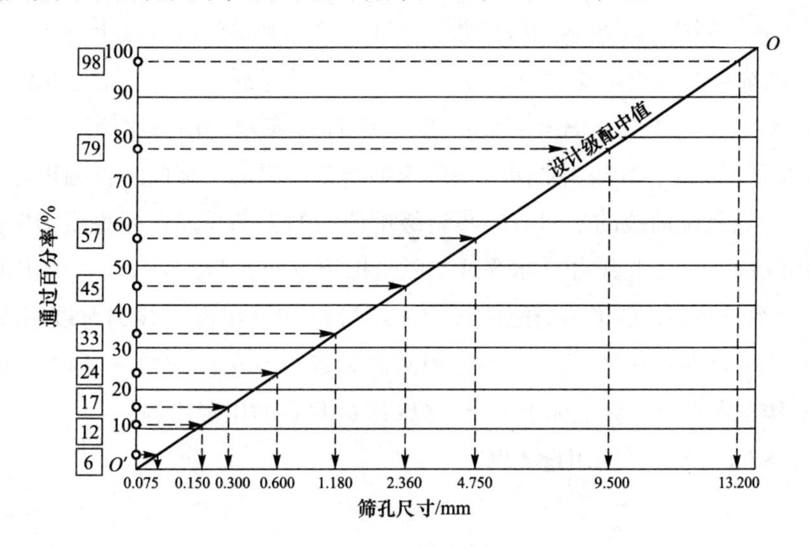

图 1-2　图解法用级配曲线坐标

(3)在坐标图上绘制各种集料的级配曲线(图 1-3)。

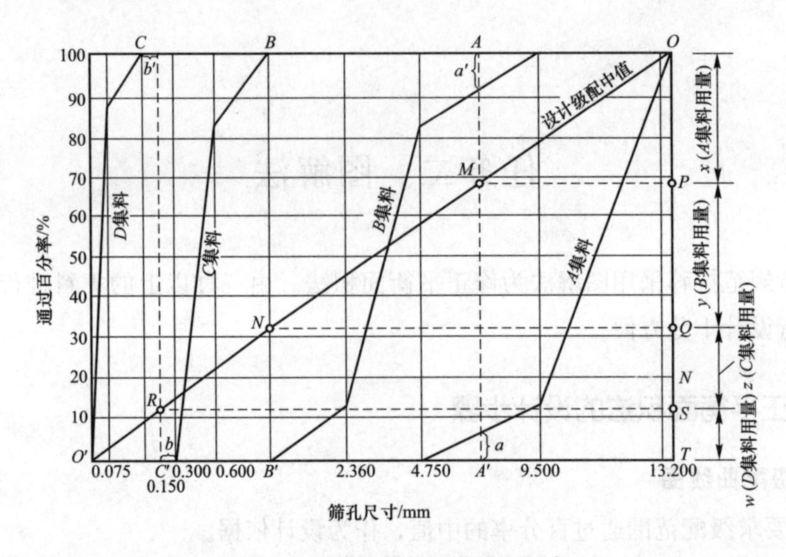

图 1-3　组成集料级配曲线和要求

2. 确定各种集料的用量比例

从级配曲线图 1-3 上最粗集料开始，依次分析两种相邻集料的级配曲线，直至最细集料。在分析过程中，两相邻集料的级配曲线可能出现如图 1-3 所示的三种情况。

(1)重叠关系。例如，A 集料的级配曲线下部与 B 集料的级配曲线上部重叠，此时应进行等分，即在两级配曲线相重叠的部分引一条使 $a=a'$ 的垂线 AA'，再通过垂线 AA' 与对角线 OO' 的交点 M 作一水平线交纵坐标于 P 点。OP 即 A 集料的用量比例。

(2)相接关系。例如，B 集料的级配曲线末端与 C 集料的级配曲线首端正好在一垂直直线上，即将 B 集料级配曲线的末端与 C 集料级配曲线的首端相连，即垂线 BB'，再通过垂线 BB' 与对角线 OO' 的交线 N 作一水平线交纵坐标于 Q 点。PQ 即 B 集料的用量比例。

(3)分离关系。例如，C 集料级配曲线的末端与 D 集料级配曲线的首端相离一段距离，此时，应进行平分，即作一垂线 CC' 平分相离的距离($b=b'$)，再通过垂线 CC' 与对角线 OO' 的交点 R 作一水平线交纵坐标于 S 点。QS 即 C 集料的用量比例。

剩余部分 ST 即 D 集料的用量比例。

3. 校核

按图解法所得各种集料的用量比例校核计算合成级配是否符合要求，如超出级配范围要求，应调整各集料的比例，直至符合要求。

二、实际应用

【例 1-2】 试用图解法设计某高速公路上面层用沥青混凝土混合料的矿质混合料的配合比。

【设计资料】

现有碎石、石屑、砂和矿粉四种集料，筛分结果列于表 1-6，选用的矿质混合料的级配范围见表 1-7。

表 1-6　组成材料筛分试验结果

材料名称	筛孔尺寸(方孔筛)/mm									
	16.0	13.2	9.5	4.75	2.36	1.18	0.6	0.3	0.15	0.075
	通过百分率/%									
碎石	100	93	17	0	—	—	—	—	—	—
石屑	100	100	100	84	14	8	4	0	—	—
砂	100	100	100	100	92	82	42	21	11	5
矿粉	100	100	100	100	100	100	100	100	96	87

表 1-7　矿质混合料要求级配范围

级配范围及中值		筛孔尺寸(方孔筛)/mm									
		16.0	13.2	9.5	4.75	2.36	1.18	0.6	0.3	0.15	0.075
		通过百分率/%									
细粒式沥青混凝土(AC-13)	级配范围	100	90～100	68～85	38～68	24～50	15～38	10～28	7～20	5～15	4～8
	级配中值	100	95	77	53	37	27	19	14	10	6

【设计要求】

采用图解法进行矿质混合料配合比设计，确定各种集料的比例，校核矿质混合料的合成级配是否符合设计级配范围的要求。

解：(1)绘制图解法用图，如图 1-4 所示。

(2)在碎石和石屑级配曲线相重叠部分作垂线 AA'(得 $a=a'$)，自 AA' 与对角线 OO' 的交点 M 引出一水平线交纵坐标于 P 点。OP 的长度 $x=35\%$，即碎石用量比例。

同理，求出石屑的用量比例 $y=31\%$，砂的用量比例 $z=26\%$，矿粉的用量比例 $w=8\%$。

(3)按图解法所得各种集料的用量比例进行校核，见表 1-8。

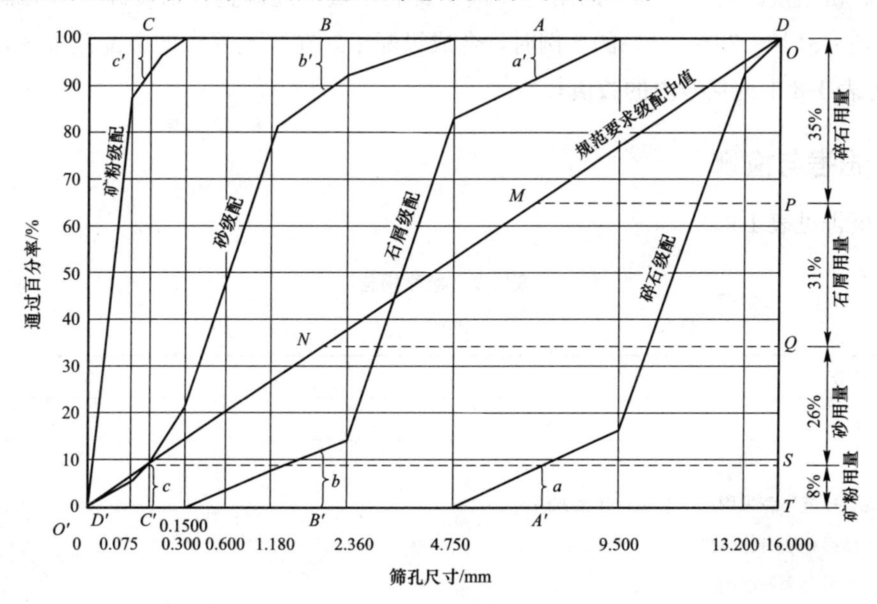

图 1-4　级配曲线

表 1-8　矿质混合料组成配合校核

材料名称		筛孔尺寸(方孔筛)/mm									
		16.0	13.2	9.5	4.75	2.36	1.18	0.6	0.3	0.15	0.075
		通过百分率/%									
原材料级配	碎石 100%	100	93	17	0	—	—	—	—	—	—
	石屑 100%	100	100	100	84	14	8	4	0	—	—
	砂 100%	100	100	100	100	92	82	42	21	11	5
	矿粉 100%	100	100	100	100	100	100	100	100	96	87
各种矿质材料在混合料中的级配	碎石 35% (35%)	35.0 (35.0)	32.6 (32.6)	6.0 (6.0)	0 (0)	—	—	—	—	—	—
	石屑 31% (31%)	31.0 (31.0)	31.0 (31.0)	31.0 (31.0)	26.0 (26.0)	4.3 (4.3)	2.5 (2.5)	1.2 (1.2)	0 (0)	—	—
	砂 26% (28%)	26.0 (28.0)	26.0 (28.0)	26.0 (28.0)	26.0 (28.0)	23.9 (25.8)	21.3 (23.0)	10.9 (11.8)	5.5 (5.9)	2.9 (3.1)	1.3 (1.4)
	矿粉 8% (6%)	8.0 (6.0)	8.0 (6.0)	8.0 (6.0)	8.0 (6.0)	8.0 (6.0)	8.0 (6.0)	8.0 (6.0)	8.0 (6.0)	7.7 (5.8)	7.0 (2.2)
合成级配		100 (100)	97.6 (97.6)	71.0 (71.0)	60.0 (60.0)	36.2 (36.1)	31.8 (31.5)	20.1 (19.0)	13.5 (11.9)	10.6 (8.9)	8.3 (6.6)
级配范围(AC-13)		100	90～100	68～85	38～68	24～50	15～38	10～28	7～20	5～15	4～8
级配中值		100	95	77	53	37	27	19	14	10	6

注：括号内的数值为级配调整后的各项相应数值。

从表 1-8 可以看出，按碎石：石屑：砂：矿粉＝35%：31%：26%：8%计算结果，合成级配中 $P_{0.075}$＝8.3%，超出了规范级配要求(4%～8%)，为此必须进行调整。

(4)调整。因为通过 0.075 mm 的颗粒太多，而 0.075 mm 的颗粒主要分布于矿粉中，故应减少矿粉用量，同时增加砂的用量，减少石屑用量。经调整，采用碎石：石屑：砂：矿粉＝35%：31%：28%：6%的比例时，合成级配正好在规范要求的级配范围内，并且接近中值(见表 1-8 中的括号内的数值)。

三、思考与检测

检测报告见表 1-9。

表 1-9　检测报告

日期：　　　　班级：　　　　组别：　　　　姓名：　　　　学号：

检测模块/任务	
检测目的	
检测内容： 1. 我国现行规范推荐采用的图解法是什么方法？ 2. 修正平衡面积法有什么优点？ 3. 简述修正平衡面积法的设计步骤。	

续表

检测模块/任务		
答题区：（位置不够，可另行加页）		
纠错与提升：（位置不够，可另行加页）		
检测总结：（位置不够，可另行加页）		
考核评定	考核方式	总评成绩
	自评：	
	互评：	
	教师评：	

附：粗集料筛分试验记录见表1-10。

表1-10　粗集料筛分试验记录(干筛法)

试验室名称：　　　　　　　　　　　　　　　　　记录编号：

委托单位					试验日期						
工程部位/用途					样品编号						
试验依据					试验条件						
样品描述					样品名称						
主要仪器设备及编号											
试样总质量/g	第1组				第2组						
筛孔尺寸/mm	筛上质量/g	分计筛余/%	累计筛余/%	通过百分率/%	筛上质量/g	分计筛余/%	累计筛余/%	通过百分率/%	平均通过百分率/%	规定级配范围/%	

续表

委托单位				试验日期						
筛底 $m_{底}$										
筛分后总量 m_i/g										
损耗 m_5/g										
损耗率/%										
筛分曲线图	通过百分率/%（100、80、60、40、20、0）；筛孔尺寸/mm									
备注：										

试验：　　　　　　　　复核：　　　　　　　　日期：　　　年　　　月　　　日

附：细集料筛分试验记录见表 1-11。

表 1-11　细集料筛分试验记录(干筛法)

试验室名称：　　　　　　　　　　　　　　　　记录编号：

委托单位				试验日期						
工程部位/用途				样品编号						
试验依据				试验条件						
样品描述				样品名称						
主要仪器设备及编号										
试样总质量/g	第1组				第2组				平均通过百分率/%	规定级配范围/%
筛孔尺寸 /mm	筛上质量/g	分计筛余/%	累计筛余/%	通过百分率/%	筛上质量/g	分计筛余/%	累计筛余/%	通过百分率/%		
9.5										
4.75										
2.36										
1.18										
0.6										
0.3										
0.15										
0.075										

续表

筛底 $m_{底}$										
筛分后总量/g										
损耗/g										
损耗率/%										
细度模数测值										
细度模数测定值										
筛分曲线图	通过百分率/%：100 90 80 70 60 50 40 30 20 10 0；筛孔尺寸/mm：0.15 0.30 0.60 1.18 2.36 4.75 9.50									
备注										

试验：　　　　　　复核：　　　　　　日期：　　年　　月　　日

模块三 实训应用

一、工作任务

1. 试用图解法设计某矿质混合料的配合比

【设计资料】

某高速公路的沥青路面上面层，选用的矿质混合料的级配范围见表 1-12。现有碎石、石屑、砂和矿粉四种集料，筛分试验结果列于表 1-13。

表 1-12 矿质混合料要求级配范围

矿质混合料级配范围	筛孔尺寸(方孔筛)/mm									
	16.0	13.2	9.5	4.75	2.36	1.18	0.6	0.3	0.15	0.075
	通过百分率/%									
级配范围	100	95～100	70～88	48～68	36～53	24～41	18～30	12～22	8～16	4～8
级配中值	100	98	79	58	45	33	24	17	12	6

表 1-13 组成材料筛分试验结果

材料名称	筛孔尺寸(方孔筛)/mm									
	16.0	13.2	9.5	4.75	2.36	1.18	0.6	0.3	0.15	0.075
	通过百分率/%									
碎石	100	94	26	0	0	0	0	0	0	0
石屑	100	100	100	80	40	17	0	0	0	0
砂	100	100	100	100	94	90	76	38	17	0
矿粉	100	100	100	100	100	100	100	100	100	83

【设计要求】

采用图解法进行矿质混合料配合比设计，确定各种集料的比例，校核矿质混合料的合成级配是否符合设计级配范围的要求。

提示：

(1)绘制图解法用图。

(2)由图确定碎石、石屑、砂、矿粉的用量比例。

(3)按图解法所得各种集料的用量比例进行校核，见表 1-14。

表 1-14　矿质混合料组成配合校核

材料名称		筛孔尺寸(方孔筛)/mm									
		16.0	13.2	9.5	4.75	2.36	1.18	0.6	0.3	0.15	0.075
		通过百分率/%									
原材料级配	碎石 100%										
	石屑 100%										
	砂 100%										
	矿粉 100%										
各种矿质材料在混合料中的级配	碎石/%										
	石屑/%										
	砂/%										
	矿粉/%										
合成级配											
级配范围											
级配中值											
结论：											

(4)调整。由数据决定是否需要调整。

2. 试用试算法设计某矿质混合料的配合比

【设计资料】

(1)现有碎石、石屑和矿粉三种矿质集料，筛分结果按分计筛余百分率列于表 1-15。

表 1-15　原有集料的分计筛余和混合料要求的级配范围

筛孔尺寸 d_i /mm	碎石分计筛余 $a_{A(i)}$/%	石屑分计筛余 $a_{B(i)}$/%	矿粉分计筛余 $a_{C(i)}$/%	矿质混合料要求级配范围通过百分率/%
16.0	—	—	—	100
13.2	5.2	—	—	90~100
9.5	41.7	—		68~85
4.75	50.5	1.6	—	38~68
2.36	2.6	24.0	—	24~50
1.18	—	22.5	—	15~38
0.6		16.0	—	10~28
0.3	—	12.4	—	7~20
0.15	—	11.5	—	5~15
0.075	—	10.8	13.2	4~8
<0.075	—	1.2	86.8	—

(2)根据《公路沥青路面施工技术规范》(JTG F 40—2004)的规定，细粒式沥青混凝土的要求级配范围列于表 1-15。

【设计要求】

(1)按试算法确定碎石、石屑和矿粉在矿质混合料中所占比例。

(2)按现行规范要求校核矿质混合料计算结果，确定其是否符合级配范围。

提示：

(1)将矿质混合料要求级配范围的通过百分率换算为分计筛余百分率，计算结果见表1-16，并设碎石、石屑、矿粉的配合比为 X、Y、Z。

表 1-16　原有集料和要求级配范围的分计筛余

筛孔尺寸 d_i /mm	碎石分计筛余 $a_{A(i)}$/%	石屑分计筛余 $a_{B(i)}$/%	矿粉分计筛余 $a_{C(i)}$/%	要求级配范围通过率的中值/%	要求级配范围累计筛余中值/%	要求级配范围分计筛余中值/%
16.0						
13.2						
9.5						
4.75						
2.36						
1.18						
0.6						
0.3						
0.15						
0.075						
<0.075						

(2)计算 X、Y、Z。

(3)校核(见表1-17)。

表 1-17　矿质混合料配合比组成计算校核

筛孔尺寸 d_i /mm	碎石			石屑			矿粉			矿质混合料			要求级配范围通过百分率 /%
	原来级配分计筛余 $a_{A(i)}$ /%	用量比例 X/%	占混合料百分率 $a_{A(i)}$ X/%	原来级配分计筛余 $a_{B(i)}$ /%	用量比例 Y/%	占混合料百分率 $a_{B(i)}$ Y/%	原来级配分计筛余 $a_{C(i)}$ /%	用量比例 Z/%	占混合料百分率 $a_{C(i)}$ Z/%	分计筛余 /%	累计筛余 /%	通过百分率 /%	
16.0													
13.2													
9.5													
4.75													
2.36													
1.18													
0.6													

续表

筛孔尺寸 d_i /mm	碎石			石屑			矿粉			矿质混合料			要求级配范围通过百分率/%
	原来级配分计筛余 $a_{A(i)}$/%	用量比例 X/%	占混合料百分率 $a_{A(i)}$ X/%	原来级配分计筛余 $a_{B(i)}$/%	用量比例 Y/%	占混合料百分率 $a_{B(i)}$ Y/%	原来级配分计筛余 $a_{C(i)}$/%	用量比例 Z/%	占混合料百分率 $a_{C(i)}$ Z/%	分计筛余/%	累计筛余/%	通过百分率/%	
0.3													
0.15													
0.075													
<0.075													
校核	Σ=		Σ=	Σ=		Σ=	Σ=		Σ=	Σ=			

(4)调整。

二、思考与检测

检测报告见表1-18。

表1-18　检测报告

日期：　　　　班级：　　　　组别：　　　　姓名：　　　　学号：

检测模块/任务		
检测目的		
检测内容： 模块三实训		
答题区：（位置不够，可另行加页）		
纠错与提升：（位置不够，可另行加页）		
检测总结：（位置不够，可另行加页）		
考核评定	考核方式	总评成绩
	自评：	
	互评：	
	教师评：	

项目二　沥青混合料配合比设计与应用

学习目标

1. 知识目标

(1)掌握不同配合比阶段的流程及计算；

(2)掌握不同配合比阶段所需的试验。

2. 技能目标

能根据工程实际，进行沥青混合料配合比设计。

3. 素质目标

(1)培养善于思考、科学严谨的思维模式和执行能力；

(2)培养善于沟通、团队协作的互助能力。

技术标准

(1)《公路沥青路面施工技术规范》(JTG F 40—2004)；

(2)《建设用卵石、碎石》(GB/T 14685—2011)；

(3)《建设用砂》(GB/T 14684—2011)。

试验规程

(1)《公路工程沥青及沥青混合料试验规程》(JTG E20—2011)；

(2)《公路工程集料试验规程》(JTG E 42—2005)。

项目二　任务单

任务名称	沥青混合料配合比设计	上课地点	沥青混合料室	建议学时	12
任务目的	确保沥青混合料的技术条件满足设计和施工要求，保证质量，经济合理				
适用范围	适用于热拌沥青混合料、沥青稳定碎石混合料的配合比设计及物理性能试验				

续表

<table>
<tr><td>任务名称</td><td>沥青混合料配合比设计</td><td>上课地点</td><td>沥青混合料室</td><td>建议学时</td><td>12</td></tr>
<tr><td rowspan="2">任务目标</td><td colspan="5">知识目标：
1. 理解沥青混合料的原材料性能、技术要求和试验原理；
2. 掌握沥青混合料配合比设计的依据、步骤和要点；
3. 掌握沥青混合料的矿料级配合比组成、马歇尔试验、稳定度试验方法；
4. 了解沥青混合料配合比设计试验时可能发生的安全隐患与安全要求</td></tr>
<tr><td colspan="5">能力目标：
1. 能够根据沥青混合料配合比设计的程序，正确计算配合比；
2. 能够正确进行沥青混合料的矿料级配合比组成、马歇尔试验、稳定度试验操作；
3. 能够正确运用毛体积密度、稳定度、孔隙率、VMA、VFA 确定最佳沥青用量；
4. 能够正确填写沥青混合料配合比设计试验记录表</td></tr>
<tr><td>任务要求</td><td colspan="5">1. 以小组为单位开展检测，每组 10 人；
2. 能正确使用、整理仪器设备，不故意损坏；
3. 按规范要求完成检验过程，认真准确填写试验记录；
4. 根据要求正确计算沥青混合料配合比，运用马歇尔试验方法确定最佳沥青用量</td></tr>
<tr><td>安全、卫生要求</td><td colspan="5">1. 不要频繁开、关摇筛机，停机后应切断电源；
2. 使用电动击实仪时，要注意零部件脱落伤人；
3. 注意电子天平的感量和称量范围，不能用力按压、锤打天平；
4. 使用马歇尔击实仪时，注意位移计的工作范围，防止损伤</td></tr>
<tr><td rowspan="13">仪器设备</td><td>序号</td><td>名称</td><td>规格型号</td><td>数量</td><td>使用要求与要点</td></tr>
<tr><td>1</td><td>摇筛机</td><td></td><td>1</td><td>接通电源机器是否运转正常</td></tr>
<tr><td>2</td><td>混合料搅拌机</td><td></td><td>1</td><td>防烫伤，防伤手</td></tr>
<tr><td>3</td><td>马歇尔击实仪</td><td></td><td>1</td><td>试筒固定牢固，防伤手</td></tr>
<tr><td>4</td><td>稳定度仪</td><td></td><td>1</td><td>固定牢固，防伤手，切勿超量</td></tr>
<tr><td>5</td><td>天平</td><td>1 g、0.1 g</td><td>各 1</td><td>切勿超量，轻拿轻放，水平放置</td></tr>
<tr><td>6</td><td>标准筛</td><td>31.5～0.075 mm</td><td>各 1</td><td>防撞、防变形、防筛孔堵塞</td></tr>
<tr><td>7</td><td>击实筒</td><td></td><td>9</td><td>防撞、防变形</td></tr>
<tr><td>8</td><td>烘箱</td><td></td><td>1</td><td>防烫伤</td></tr>
<tr><td>9</td><td>恒温水槽</td><td></td><td>1</td><td>防漏电</td></tr>
<tr><td></td><td></td><td></td><td></td><td></td></tr>
<tr><td></td><td></td><td></td><td></td><td></td></tr>
<tr><td></td><td colspan="4">真空饱水容器、负压容器、负压装置、温度计、卡尺、方盘、三氯乙烯等</td></tr>
<tr><td rowspan="2">成果提交</td><td>1</td><td colspan="4">顺利完成试验，并保持仪器设备完好入库</td></tr>
<tr><td>2</td><td colspan="4">填写完整的矿料级配合成、稳定度、最大理论密度试验记录表</td></tr>
</table>

模块一　相关知识

一、预备知识

沥青混合料是矿料(包括碎石、石屑、砂和填料)与沥青结合料拌和而成的混合料的总称。其中，粗、细集料起骨架作用，沥青与填料起胶结、填充作用。沥青混合料经摊铺、压实成型后成为沥青路面，是现代道路路面结构的主要材料形式之一。它具有优良的力学性能、良好的耐久性和抗滑性等特点，并便于分期修筑及再生利用，且修成的路面具有晴天少尘、雨天不泥泞、减振吸声、行车舒适等优点。由于其最能满足现代交通对路面的要求，因而广泛地被应用于高速公路、城市快速路、主干路和其他公路。

沥青混合料按其矿料级配组成特点，可分为悬浮-密实结构、骨架-空隙结构和密实-骨架结构，分别具有不同强度特征和稳定性。

反映沥青混合料强度的主要参数有黏聚力 c 和内摩擦角 φ。影响沥青混合料强度的内因主要有沥青黏度、沥青与矿料在界面上的交互作用、沥青与矿粉的用量比例、矿料的级配类型及表面特性；温度及变形速率是影响沥青混合料强度的主要外因。

沥青混合料应具备一定的高温稳定性、低温抗裂性、耐久性、抗滑性和施工和易性的技术性质，以适应车辆荷载及环境因素的作用。其中，耐久性指标对工程实际具有十分重要的指导意义，必须加以重视。

沥青混合料组成材料的技术性质：沥青材料应根据道路等级、交通特性、气候条件、施工方法等因素选择类型和标号。粗、细集料和填料的选择应满足相应的技术要求，组成的矿质混合料的级配应符合规范要求。

热拌沥青混合料的技术标准《公路沥青路面施工技术规范》(JTG F 40—2004)对热拌沥青混合料的技术要求见表 2-1。密级配热拌沥青混合料的沥青饱和度与矿料间隙率的要求见表 2-2。

表 2-1　密级配热拌沥青混合料马歇尔试验技术标准

沥青混合料类型 试验项目		密级配热拌沥青混合料(AC)						密级配沥青碎石(ATB)	沥青碎石(AM)	排水式开级配(OGFC)
		高速公路、一级公路				其他等级公路	行人道路			
		中轻交通	重载交通	中轻交通	重载交通					
		夏炎热区		夏热区及夏凉区						
击实次数(双面)/次		75				50	50	75 (112)	50	50
空隙率 /%	深度≤90 mm	3～5	4～6	2～4	3～5	3～6	2～4	3～6	6～10	≥18
	深度>90 mm	3～6	3～6	2～4	3～6	3～6	—			

续表

沥青混合料类型 试验项目	密级配热拌沥青混合料(AC)						密级配沥青碎石(ATB)	沥青碎石(AM)	排水式开级配(OGFC)
	高速公路、一级公路				其他等级公路	行人道路			
	中轻交通	重载交通	中轻交通	重载交通					
	夏炎热区		夏热区及夏凉区						
沥青饱和度/%	见表 2-2 的要求						55～70	40～70	—
矿料间隙率/%	见表 2-2 的要求						≥11	—	—
稳定度/kN	8				5	3	7.5 (15)	3.5	3.5
流值/mm	2～4	1.5～4	2～4.5	2～4	2～4.5	2～5	1.5～4	—	—

表 2-2　密级配热拌沥青混合料的沥青饱和度与矿料间隙率的要求

	设计空隙率/%	相应于以下公称最大粒径(mm)的最小 VMA 及 VFA 技术要求/%					
		26.5	19	16	13.2	9.5	4.75
矿料间隙率 VMA/%，不小于	2	10	11	11.5	12	13	15
	3	11	12	12.5	13	14	16
	4	12	13	13.5	14	15	17
	5	13	14	14.5	15	16	18
	6	14	15	15.5	16	17	19
沥青饱和度 VFA/%		55～70	65～75			70～85	

二、思考与检测

检测报告见表 2-3。

表 2-3　检测报告

日期：　　　　　　班级：　　　　　　组别：　　　　　　姓名：　　　　　　学号：

检测模块/任务	
检测目的	
检测内容： 1. 什么是沥青混合料？ 2. 沥青混合料有什么特点？ 3. 沥青混合料结构一般分为几种？ 4. 沥青混合料组成材料一般要考虑哪些技术性质？	
答题区：(位置不够，可另行加页)	

续表

<table>
<tr><td>检测模块/任务</td><td colspan="2"></td></tr>
<tr><td colspan="3">纠错与提升：（位置不够，可另行加页）</td></tr>
<tr><td colspan="3">检测总结：（位置不够，可另行加页）</td></tr>
<tr><td rowspan="4">考核评定</td><td>考核方式</td><td>总评成绩</td></tr>
<tr><td>自评：</td><td rowspan="3"></td></tr>
<tr><td>互评：</td></tr>
<tr><td>教师评：</td></tr>
</table>

模块二　热拌沥青混合料配合比组成设计

一、工作任务

试设计某高速公路沥青混凝土路面中面层用沥青混合料的配合组成。

【原始资料】

(1)该高速公路沥青面层为三层式结构的上面层。

(2)气候条件：最高月平均气温为 31 ℃，最低月平均气温为−8 ℃，年降水量为 1 500 mm。

(3)材料性能。

1)沥青材料。可供应 50 号、70 号和 90 号的道路石油沥青，经检验技术性能均符合要求。

2)矿质材料。砾石和石屑、石灰石轧制碎石，保水抗压强度为 120 MPa，洛杉矶磨耗率为 12%、黏附性(水煮法)5 级，视密度为 2.70 g/cm³；砂：洁净海砂，细度模数属中砂，含泥量及泥块量均<1%，视密度为 2.65 g/cm³；矿粉：石灰石磨细石粉，粒度范围符合技术要求，无团粒结块，视密度为 2.58 g/cm³。

【设计要求】

(1)根据道路等级、路面类型和结构层位确定沥青混凝土的矿质混合料的级配范围。根据现有各种矿质材料的筛分结构，用图解法确定各种矿质材料的配合比。

(2)根据选定的矿质混合料类型相应的沥青用量范围，通过马歇尔试验，确定最佳沥青用量。

(3)根据高速公路沥青混合料要求，对矿质混合料的级配进行调整，沥青用量按水稳定性检验和抗车辙能力校核。

为了完成以上工作任务，根据实际工作过程，将工作任务解构为按一定逻辑关系组合的多个任务，按任务实际工作过程重构序化为学习工作过程进行学习。

二、沥青混合料配合比设计流程

沥青混合料配合比设计是采用马歇尔试验进行配合比设计的方法，适用密级配沥青混凝土及沥青稳定碎石混合料。全过程的沥青混合料配合比设计包括目标配合比设计阶段、生产配合比设计阶段和生产配合比验证(试验路段试铺阶段)三个阶段。由于后两个设计阶段是在目标配合比的基础上进行的，需借助施工单位的拌和、摊铺和碾压设备来完成，因此，本节主要介绍沥青混合料的目标配合比设计。

目标配合比设计可分为矿料的级配组成设计和最佳沥青用量确定两部分。

任务一　矿质混合料的配合比设计

矿质混合料配合比设计的目的，是要选配一个具有足够密实度，并具有较高内摩阻力的矿质混合料。按《公路沥青路面施工技术规范》(JTG F 40—2004)的规定，设计步骤如下。

一、确定沥青混合料类型

热拌沥青混合料适用各等级公路的沥青路面。沥青混合料的类型，根据道路等级、路面类型、所处结构层位，按表 2-4 选定。

表 2-4　沥青混合料类型

结构层次	高速公路、一级公路、城市快速路、主干路						其他公路等级		一般城市道路及其他道路工程		
	三层式路面			二层式路面							
上面层	AC-13 AC-16 AC-20	AK-13 AK-16	SMA-13 SMA-16	AC-13 AC-16	AK-13 AK-16	SMA-13 SMA-16	AC-13 AC-16	SMA-13 SMA-16	AC-13 AC-16 AC-20	AK-13 AK-16	SMA-13 SMA-16
中面层	AC-20 AC-25			—					AC-20 AC-25		
下面层	AC-25 AC-30			AC-20 AC-25 AC-30			AC-20 AC-25 AC-30	AM-25 AM-30	AC-25 AC-30		AM-25 AM-30

二、确定矿质混合料的级配范围

根据已确定的沥青混合料类型，查阅规范推荐的矿质混合料级配范围(见表 2-5)，即可确定所需的级配范围。

表 2-5　沥青混合料矿料级配范围

级配类型		通过下列筛孔的质量百分率/%													
		53.0	37.5	31.5	26.5	19.0	16.0	13.2	9.5	4.75	2.36	1.18	0.6	0.3	0.15	0.075
密级配沥青混凝土混合料 AC																
粗粒式	AC-25			100	90～100	75～90	65～83	57～76	45～65	24～52	16～42	12～33	8～24	5～17	4～13	3～7
中粒式	AC-20				100	90～100	78～92	62～80	50～72	26～56	16～44	12～33	8～24	5～17	4～13	3～7
	AC-16					100	90～100	76～92	60～80	34～62	20～48	13～36	9～26	7～18	5～14	4～8
细粒式	AC-13						100	90～100	68～85	38～68	24～50	15～38	10～28	7～20	5～15	4～8
	AC-10							100	90～100	45～75	30～58	20～44	13～32	9～23	6～16	4～8
砂粒式	AC-5								100	90～100	55～75	35～55	20～40	12～28	7～18	5～10

三、矿质混合料配合比的确定

(1)组成材料的原始数据测定。绘制筛分曲线，测定相对密度等。

(2)拟订初步配合比。采用试算法或图解法。

(3)调整配合比。对合成级配曲线做必要调整：

1)通常情况下，合成级配曲线宜尽量接近设计级配中限，尤其应使0.075 mm、2.36 mm和4.75 mm筛孔的通过量尽量接近设计级配曲线范围的中限。

2)对高速公路、一级公路城市快速路、主干路等交通量大、车辆载重大的道路，宜偏向级配范围的下(粗)限；对一般道路、中小交通量或人行道路等宜偏向级配范围的上(细)限。

3)合成级配曲线应接近连续的或合理的间断级配，但不应有过多的犬牙交错。当经过反复调整仍有两个以上的筛孔超出设计级配范围时，必须对原材料进行调整或更换原材料重新设计。

四、思考与检测

检测报告见表2-6。

表2-6　检测报告

日期：　　　班级：　　　组别：　　　姓名：　　　学号：

<table>
<tr><td>检测模块/任务</td><td colspan="2"></td></tr>
<tr><td>检测目的</td><td colspan="2"></td></tr>
<tr><td colspan="3">检测内容：
1. 矿质混合料配合比设计的目的是什么？
2. 怎样确定沥青混合料的类型？
3. 怎样确定沥青混合料的级配范围？
4. 怎样进行矿质混合料的配合比设计？</td></tr>
<tr><td colspan="3">答题区：(位置不够，可另行加页)</td></tr>
<tr><td colspan="3">纠错与提升：(位置不够，可另行加页)</td></tr>
<tr><td colspan="3">检测总结：(位置不够，可另行加页)</td></tr>
<tr><td rowspan="4">考核评定</td><td>考核方式</td><td>总评成绩</td></tr>
<tr><td>自评：</td><td rowspan="3"></td></tr>
<tr><td>互评：</td></tr>
<tr><td>教师评：</td></tr>
</table>

任务二　确定沥青混合料的最佳沥青用量

沥青用量(沥青含量)是指沥青混合料中沥青质量与沥青混合料质量的百分比；油石比是指沥青混合料中沥青质量与矿料总质量的百分比。

沥青混合料的最佳沥青用量(简称 OAC)可以通过各种理论计算方法求得。但是，由于实际材料性质的差异，按理论公式计算得到的最佳沥青用量，仍然要通过试验方法修正。我国现行标准《公路沥青路面施工技术规范》(JTG F 40—2004)规定的方法是采用马歇尔试验法确定最佳沥青用量。

一、沥青混合料马歇尔试验

1. 制备试样

(1)按照确定的矿质混合料配合比，计算各种矿质材料的用量。

(2)以预估的油石比为中值，按一定间隔(对密级配沥青混合料通常为 0.5%，对沥青碎石混合料可适当缩小间隔为 0.3%～0.4%)，取 5 个或 5 个以上不同的油石比分别成型马歇尔试件。

2. 测定物理指标

按照规定的试验方法测定试件的毛体积相对密度、理论最大相对密度等，并计算空隙率、沥青饱和度、矿料间隙率等体积参数。各物理指标如下：

(1)毛体积相对密度。压实沥青混合料单位体积(含混合料的实体矿物成分及不吸水分的闭口孔隙、能吸收水分的开口孔隙等颗粒表面轮廓线所包围的全部毛体积)的干质量称为毛体积密度。沥青混合料的毛体积相对密度是指压实沥青混合料毛体积密度与同温水密度的比值。按式(2-1)、式(2-2)计算。

$$\gamma_{\mathrm{f}}=\frac{m_{\mathrm{a}}}{m_{\mathrm{f}}-m_{\mathrm{w}}} \tag{2-1}$$

$$\rho_{\mathrm{f}}=\frac{m_{\mathrm{a}}}{m_{\mathrm{f}}-m_{\mathrm{w}}}\times\rho_{\mathrm{w}} \tag{2-2}$$

式中　m_{f}——试件的表干质量(g)；

m_{a}——干燥试件的空中质量(g)；

m_{w}——试件的水中质量(g)；

γ_f——时间毛体积相对密度，无量纲；

ρ_f——试件毛体积密度(g/cm^3)；

ρ_{w}——25 ℃时水的密度，取 0.997 1 g/cm^3。

(2)理论最大相对密度。理论最大相对密度是指假设压实沥青混合料试件全部为矿料(包括矿料自身内部的孔隙)及沥青所占有、空隙率为零的理想状态下的最大密度。同一温度条件下，沥青混合料理论最大密度与水密度的比值称为理论最大相对密度。理论最大相对密度可采用真空法实测，也可按公式计算确定(具体内容详见模块三任务二)。

(3)试件的空隙率。空隙率是指压实沥青混合料内矿料及沥青以外的空隙(不包括矿料自身内部已被沥青封闭的孔隙)的体积占混合料总体积的百分率，按式(2-3)计算。

$$VV=\left(1-\frac{\gamma_f}{\gamma_t}\right)\times 100 \tag{2-3}$$

式中 VV——沥青混合料试件的空隙率(%)；

γ_f——试件的毛体积相对密度，无量纲；

γ_t——沥青混合料理论最大密度，按方法计算或实测得到，无量纲。

(4)矿料间隙率。矿料间隙率是指压实沥青混合料内矿料部分以外的体积占混合料总体积的百分率，按式(2-4)计算。

$$VMA=\left(1-\frac{\gamma_f}{\gamma_{sb}}\times\frac{P_s}{100}\right)\times 100 \tag{2-4}$$

式中 VMA——沥青混合料试件的矿料间隙率(%)；

P_s——各种矿料占沥青混合料总质量的百分率之和(%)，按 $P_s=100-P_b$ 计算，P_b 为沥青用量(%)；

γ_{sb}——矿料的合成毛体积相对密度，无量纲，按式(2-5)计算。

$$\gamma_{sb}=\frac{100}{\frac{P_1}{\gamma_1}+\frac{P_2}{\gamma_2}+\dots+\frac{P_n}{\gamma_n}} \tag{2-5}$$

式中 P_1、P_2、…、P_n——各种矿料占矿料总质量的百分率(%)，其和为100；

γ_1、γ_2、…、γ_n——各种矿料的相对密度，无量纲。

(5)有效沥青的饱和度。有效沥青的饱和度是指沥青混合料内有效沥青部分(扣除被集料吸收的沥青以外的沥青)的体积占矿料部分以外的体积的百分率，按式(2-6)计算。

$$VFA=\frac{VMA-VV}{VMA}\times 100 \tag{2-6}$$

式中 VFA——沥青混合料试件的有效沥青饱和度(%)。

3. 测定力学指标

为确定沥青混合料的最佳沥青用量，应用马歇尔稳定度仪测定沥青混合料的力学指标，如马歇尔稳定度、流值(具体内容详见模块三任务四)。

二、确定最佳沥青用量(简称OAC)

(1)绘制沥青用量与物理—力学指标关系图。以沥青用量(或油石比)为横坐标，以马歇尔试验的各项指标为纵坐标，将试验结果点入图中，连成圆滑的曲线。确定均符合规范规定的沥青混合料技术标准的沥青用量范围 $OAC_{min}\sim OAC_{max}$(选择的沥青用量范围必须涵盖设计空隙率的全部范围，尽可能涵盖沥青饱和度的要求范围，并使密度及稳定度曲线出现峰值)。

注：绘制曲线时含 VMA 指标，且应为下凹形曲线，但确定 $OAC_{min}\sim OAC_{max}$ 时不包括 VMA。

(2)根据试验曲线的走势，确定最佳沥青用量初始值 OAC_1。

1)在图 2-1 上求取相应于密度最大值、稳定度最大值、目标空隙率(或中值)、沥青饱和度范围的中值的沥青用量 a_1、a_2、a_3、a_4，取平均值作为 OAC_1：

$$OAC_1=\frac{a_1+a_2+a_3+a_4}{4} \tag{2-7}$$

2)如果在所选择的沥青用量范围未能涵盖沥青饱和度的要求范围，按式(2-8)求取三者的平均值作为 OAC_1：

$$OAC_1=\frac{a_1+a_2+a_3}{3} \tag{2-8}$$

3)对所选择试验的沥青用量范围，密度或稳定度没有出现峰值(最大值经常在曲线的两端)时，可直接以目标空隙率所对应的沥青用量 a_3 作为 OAC_1，但 OAC_1 必须为 OAC_{min}～OAC_{max} 的范围，否则应重新进行配合比设计。

(3)确定最佳沥青用量初始值 OAC_2。以各项指标均符合技术标准(不含 VMA)的沥青用量范围 OAC_{min}～OAC_{max} 的中值作为 OAC_2。

$$OAC_2=\frac{OAC_{min}+OAC_{max}}{2} \tag{2-9}$$

(4)通常情况下取 OAC_1 及 OAC_2 的中值作为计算的最佳沥青用量 OAC。

$$OAC=\frac{OAC_1+OAC_2}{2} \tag{2-10}$$

(5)按式 2-10 计算的最佳油石比 OAC，从图 2-1 中得出所对应的空隙率和 VMA 值，检验是否能满足表 2-2 关于最小 VMA 值的要求(OAC 宜位于 VMA 凹形曲线最小值的贫油一侧；当空隙率不是整数时，最小 VMA 按内插法确定，并将其画入图 2-1)。

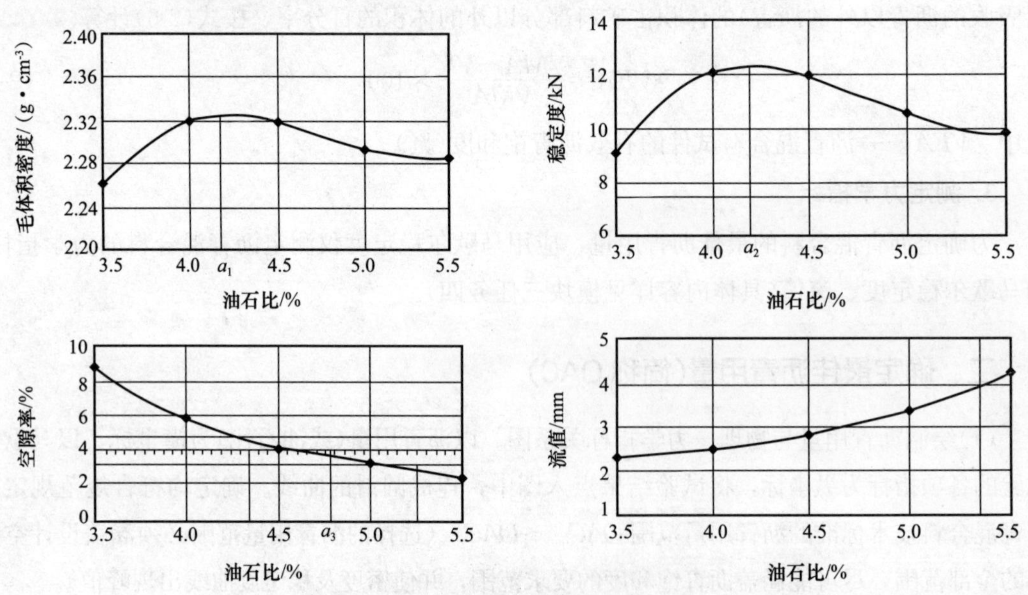

图 2-1　沥青用量与马歇尔试验结果关系图

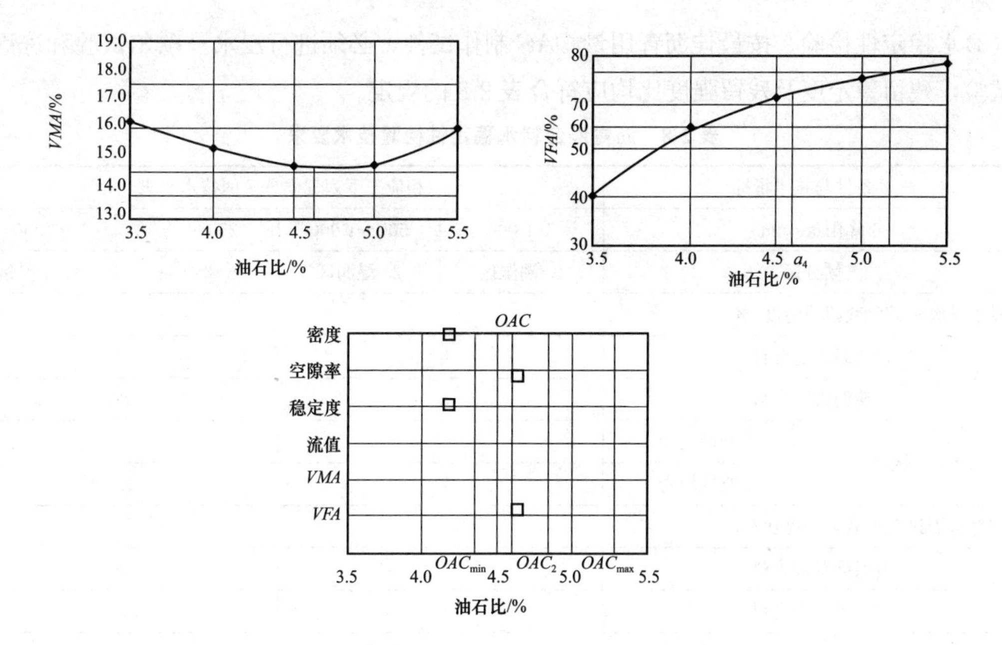

图 2-1 沥青用量与马歇尔试验结果关系图(续)

注：图中 a_1=4.2%，a_2=4.25%，a_3=4.8%，a_4=4.7%，OAC_1=4.49%(由 4 个平均值确定)，OAC_{min}=4.3%，OAC_{max}=5.3%，OAC_2=4.8%，OAC=4.64%。此例中相对于空隙率 4%的油石比为 4.6%

(6)检查图 2-1 中相应于此 OAC 的各项指标是否均符合马歇尔试验技术标准。

(7)根据实践和公路等级、气候条件、交通情况，调整确定最佳沥青用量 OAC。

三、配合比设计检验

(1)对于高速公路和一级公路的密级配沥青混合料，需在配合比设计的基础上按要求进行各种使用性能的检验，不符合要求的沥青混合料，必须更换材料或重新进行配合比设计。其他等级公路的沥青混合料可参照执行。

(2)高温稳定性检验。对公称最大粒径等于或小于 19 mm 的混合料，必须按最佳沥青用量 OAC 制作车辙试件并进行车辙试验，动稳定度应符合表 2-7 的要求。

表 2-7 沥青混合料车辙试验动稳定度技术要求

气候条件与技术指标		相应于下列气候分区所要求的动稳定度/(次·mm^{-1})								
七月平均最高气温/℃		>30				20～30				<20
气候分区		1. 夏炎热区				2. 夏热区				3. 夏凉区
		1—1	1—2	1—3	1—4	2—1	2—2	2—3	2—4	3—2
普通沥青混合料 ≥		800		1 000		600	800			600
改性沥青混合料 ≥		2 400		2 800		2 000	2 400			1 200
SMA 混合料	非改性 ≥	1 500								
	改性 ≥	3 000								
OGFC 混合料		1 500(一般交通路段)、3 000(重交通量路段)								

(3)水稳定性检验。按最佳沥青用量 *OAC* 制作试件，必须进行浸水马歇尔试验和冻融劈裂试验，残留稳定度及残留强度比均应符合表 2-8 的规定。

表 2-8　沥青混合料水稳定性检验技术要求

气候条件与技术指标		相应于下列气候分区的技术要求			
年降雨量/mm		>1 000	500～1 000	250～500	<250
气候分区		1. 潮湿区	2. 湿润区	3. 半干区	4. 干旱区
浸水马歇尔试验残留稳定度/%					≥
普通沥青混合料		80		75	
改性沥青混合料		85		80	
SMA 混合料	普通沥青	75			
	改性沥青	80			
冻融劈裂试验的残留强度比/%					≥
普通沥青混合料		75		70	
改性沥青混合料		80		75	
SMA 混合料	普通沥青	75			
	改性沥青	80			

(4)低温抗裂性能检验。对公称最大粒径等于或小于 19 mm 的混合料，可以按规定方法进行低温弯曲试验。

(5)渗水系数检验。可以利用轮碾机成型的车辙试件进行渗水试验。

四、思考与检测

检测报告见表 2-9。

表 2-9　检测报告

日期：　　　　班级：　　　　组别：　　　　姓名：　　　　学号：

检测模块/任务	
检测目的	
检测内容： 1. 沥青混合料配合比设计中沥青用量怎样表示？ 2. 目前我国采用哪种方法确定最佳沥青用量？ 3. 采用沥青混合料马歇尔试验要先制备试件，然后需要测定哪些指标？ 4. 怎样确定最佳沥青用量？ 5. 怎样进行沥青混合料配合比设计检验？	
答题区：(位置不够，可另行加页)	

续表

检测模块/任务		
纠错与提升：（位置不够，可另行加页）		
检测总结：（位置不够，可另行加页）		
考核评定	考核方式	总评成绩
	自评：	
	互评：	
	教师评：	

附：沥青混合料中沥青含量试验检测记录(离心法)见表 2-10。

表 2-10　沥青混合料中沥青含量试验检测记录(离心法)

试验室名称：　　　　　　　　　　　　　　　　　　　记录编号：

委托单位		试验日期		
工程部位/用途		样品编号		
试验依据		试验条件		
样品描述		样品名称		
主要仪器设备及编号				
沥青混合料种类		设计沥青含量/%		
试验内容			1	2
容器中留下的集料干燥质量 m_1/g				
圆环形滤纸在试验前后的增重 m_2/g				
泄漏入抽提液中矿粉质量/g	抽提液的总量 V_a/mL			
	取出的燃烧干燥的抽提液数量 V_b/mL			
	坩埚中燃烧干燥的残渣质量 m_4/g			
	泄漏入抽提液中矿粉质量 m_3/g			
混合料中矿料部分总质量 m_a/g		$m_a=m_1+m_2+m_3$		
沥青混合料总质量 m/g				
沥青混合料中沥青含量/%		$P_b=(m-m_a)/m$		
沥青混合料油石比/%		$P_a=(m-m_a)/m_a$		
备注：				

试验：　　　　　　　　　　　　复核：　　　　　　　　　　　　日期：　　　年　　月　　日

模块三　沥青混合料试验

任务一　沥青混合料试件制作方法(击实法)(T 0702—2011)(JTG E20—2011)

一、目的与适用范围

(1)本方法适用于标准击实法或大型击实法制作沥青混合料试件，以供试验室进行沥青混合料物理力学性质试验使用。

(2)标准击实法适用于马歇尔试验、间接抗拉试验(劈裂法)等所使用的 ϕ101.6 mm×63.5 mm圆柱体试件的成型。大型击实法适用于大型马歇尔试验和 ϕ152.4 mm×95.3 mm 大型圆柱体试件的成型。

动画：沥青混合料试件成型试验

二、仪器设备

(1)自动击实仪(图 2-2)：是将标准击实锤及标准击实台安装成一体并用电力驱动使击实锤连续击实试件且可自动记数的设备，击实速度为 60 次/min±5 次/min。其可分为以下两种：

1)标准击实仪：由击实锤、ϕ98.5 mm±0.5 mm 平圆形压实头及带手柄的导向棒组成。用机械将压实锤提升，至 457.2 mm±1.5 mm 高度沿导向棒自由落下击实，标准击实锤质量为 4 536 g±9 g。

2)大型击实仪：由击实锤、ϕ149.5 mm±0.1 mm 平圆形压实头及带手柄的导向棒组成。用机械将压实锤提升，至 457.2 mm±2.5 mm 高度沿导向棒自由落下击实，大型击实锤质量为 10 210 g±10 g。

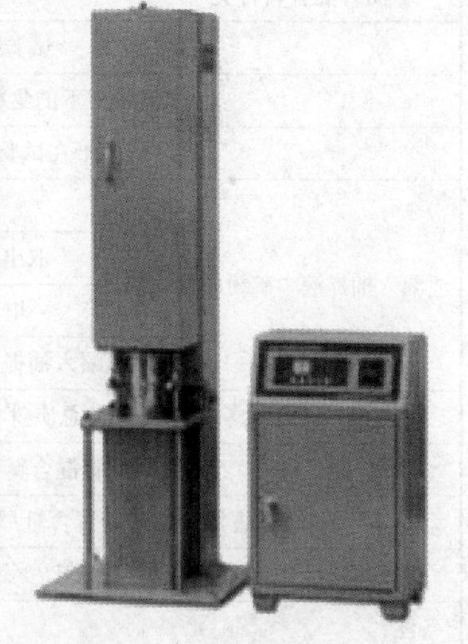

图 2-2　马歇尔自动击实仪

(2)试验室用沥青混合料拌合机：能保证拌合温度并充分拌和均匀，可控制拌合时间，容量不小于 10 L，如图 2-3 所示，搅拌叶自转速度为 70～80 r/min，公转速度为 40～50 r/min。

图 2-3　沥青混合料拌合机

(3)脱模器：电动或手动。

(4)试模：符合规范要求。

(5)烘箱：大、中型各一台，应有温度调节器。

(6)天平或电子秤：用于称量矿料的，感量不大于0.5 g；用于称量沥青的，感量不大于0.1 g。

(7)沥青运动黏度测定设备：布洛克菲尔德黏度计。

(8)温度计：分度值为1 ℃。宜采用有金属插杆的插入式数显温度计，金属插杆的长度不小于150 mm。量程为0 ℃～300 ℃。

(9)其他：电炉或煤气炉、沥青熔化锅、拌合铲、标准筛、滤纸(或普通纸)、胶布、卡尺、秒表、粉笔、棉纱等。

三、试验准备

(1)确定制作沥青混合料试件的拌合温度与压实温度。当缺乏沥青黏度测定条件时，试件的拌合温度与压实温度可参照表2-11选用，并根据沥青品种和标号做适当调整。针入度小、稠度大的沥青取高限；针入度大、稠度小的沥青取低限，一般取中值。对改性沥青，应根据改性剂的品种和用量，适当提高混合料的拌合温度和压实温度；对大部分聚合物改性沥青，需要在普通沥青的基础上提高15 ℃～20 ℃；掺加纤维时，还需再提高10 ℃左右。

表 2-11　沥青混合料拌合温度及压实温度参考表

沥青结合料种类	拌合温度/℃	压实温度/℃
石油沥青	140～160	120～150
改性沥青	160～175	140～170

常温沥青混合料的拌和及压实在常温下进行。

(2)在试验室人工配制沥青混合料时，试件的制作按下列步骤进行：

1)将各种规格的矿料置105 ℃±5 ℃的烘箱中烘干至恒重(一般不少于4 h)。

2)将烘干分级的粗、细集料，按每个试件设计级配要求称其质量，在一金属盘中混合均匀，将矿粉单独放入小盆里；然后置烘箱中加热至沥青拌合温度以上约 15 ℃(采用石油沥青时通常为 163 ℃；采用改性沥青时通常需 180 ℃)备用。常温沥青混合料的矿料不需加热。

3)将按规定方法采集的沥青试样，用烘箱加热至规定的沥青混合料拌合温度，但不得超过 175 ℃。当不得已采用燃气炉或电炉直接加热进行脱水时，必须使用石棉垫隔开。

(3)用蘸有少许黄油的棉纱擦净试模、套筒及击实座等，置 100 ℃左右烘箱中加热 1 h 备用。常温沥青混合料用试模不加热。

四、试验步骤

(1)拌制黏稠石油沥青混合料。

1)将沥青混合料拌合机提前预热至拌合温度 10 ℃左右。

2)将加热的粗、细集料置于拌合机中，用小铲子适当混合；然后加入需要数量的沥青(如沥青已称量在一专用容器内时，可在倒掉沥青后用一部分热矿粉将黏在容器壁上的沥青擦拭掉并一起倒入拌合锅中)，开动拌合机一边搅拌一边使拌合叶片插入混合料中拌和 1～1.5 min；暂停拌和，加入加热的矿粉，继续拌和至均匀，并使沥青混合料保持在要求的拌合温度范围内。标准的总拌合时间为 3 min。

(2)马歇尔标准击实法的成型步骤。

1)将拌好的沥青混合料，用小铲适当拌和均匀，称取一个试件所需的用量(标准马歇尔试件约 1 200 g，大型马歇尔试件约 4 050 g)。当已知沥青混合料的密度时，可根据试件的标准尺寸计算并乘以 1.03 得到要求的混合料数量。当一次拌和几个试件时，宜将其倒入经预热的金属盘中，用小铲适当拌和均匀分成几份，分别取用。在试件制作过程中，为防止混合料温度下降，应连盘放在烘箱中保温。

2)从烘箱中取出预热的试模及套筒，用蘸有少许黄油的棉纱擦拭套筒、底座及击实锤底面。将试模装在底座上，放一张圆形的吸油性小的纸，用小铲将混合料铲入试模中，用插刀或大螺丝刀沿周边插捣 15 次，中间捣 10 次。插捣后将沥青混合料表面整平。对大型击实法的试件，混合料应分两次加入，每次插捣次数同上。

3)插入温度计至混合料中心附近，检查混合料温度。

4)待混合料温度符合要求的压实温度后，将试模连同底座一起放在击实台上固定。在装好的混合料上面垫一张吸油性小的圆纸，再将装有击实锤及导向棒的压实头放入试模中。开启电动机，使击实锤从 457 mm 的高度自由落下到击实规定的次数(75 次或 50 次)。对大型试件，击实次数为 75 次(相应于标准击实的 50 次)或 112 次(相应于标准击实的 75 次)。

5)试件击实一面后，取下套筒，将试模翻面，装上套筒，然后以同样的方法和次数击实另一面。

6)试件击实结束后，立即用镊子取掉上、下面的纸，用卡尺量取试件离试模上口的高度并由此计算试件高度。高度不符合要求时，试件应作废，并按下式调整试件的混合料质量，以保证高度符合 635 mm±1.3 mm(标准试件)或 95.3 mm±2.5 mm(大型试件)的要求。

$$调整后混合料质量=\frac{要求试件高度\times原用混合料质量}{所得试件的高度}$$

(3)卸去套筒和底座，将装有试件的试模横向放置冷却至室温后(不少于 12 h)，置脱模机上脱出试件。

(4)将试件仔细置于干燥洁净的平面上，供试验用。

五、实训报告

实训报告见表 2-12。

表 2-12　实训报告

日期：　　　　班级：　　　　组别：　　　　姓名：　　　　学号：

<table>
<tr><td>实训题目</td><td colspan="3">沥青混合料试件制作方法(击实法)</td><td>成绩</td><td colspan="2"></td></tr>
<tr><td>实训目的</td><td colspan="6"></td></tr>
<tr><td>主要仪器</td><td colspan="6"></td></tr>
<tr><td rowspan="5">检测内容</td><td colspan="2">矿料名称</td><td>制备一个试件所需质量/g</td><td colspan="2">加入沥青质量/g</td><td>矿料配合比/%</td></tr>
<tr><td colspan="2"></td><td></td><td colspan="2"></td><td></td></tr>
<tr><td colspan="2"></td><td></td><td colspan="2"></td><td></td></tr>
<tr><td colspan="2"></td><td></td><td colspan="2"></td><td></td></tr>
<tr><td colspan="2"></td><td></td><td colspan="2"></td><td></td></tr>
<tr><td rowspan="2">试件编号</td><td rowspan="2">制件日期</td><td rowspan="2">拌合温度 T /℃</td><td rowspan="2">击实温度 T/℃</td><td colspan="2">试件尺寸/mm</td><td rowspan="2">试件用途</td></tr>
<tr><td>高度 h</td><td>直径 d</td></tr>
<tr><td></td><td></td><td></td><td></td><td></td><td></td><td rowspan="6"></td></tr>
<tr><td></td><td></td><td></td><td></td><td></td><td></td></tr>
<tr><td></td><td></td><td></td><td></td><td></td><td></td></tr>
<tr><td></td><td></td><td></td><td></td><td></td><td></td></tr>
<tr><td></td><td></td><td></td><td></td><td></td><td></td></tr>
<tr><td></td><td></td><td></td><td></td><td></td><td></td></tr>
<tr><td colspan="7">实训总结</td></tr>
</table>

任务二　沥青混合料理论最大相对密度试验(真空法)(T 0711—2011)(JTG E20—2011)

一、目的与适用范围

(1)本方法适用于采用真空法测定沥青混合料理论最大相对密度，供沥青混合料配合比设计、路况调查或路面施工质量管理计算空隙率、压实度等使用。

(2)本方法不适用于吸水率大于3%的多孔性集料的沥青混合料。

二、仪器设备

(1)天平：称量5 kg以上，感量不大于0.1 g；称量2 kg以下，感量不大于0.05 g。

(2)负压容器：根据试样数量选用表2-13中的A、B、C任何一种类型。负压容器口带橡皮塞，上接橡胶管，管口下方有滤网，防止细料部分吸入胶管。为便于抽真空时观察气泡情况，负压容器至少有一面透明或采用透明的密封盖。

表2-13　负压容器类型

类型	容器	附属设备
A	耐压玻璃，塑料或金属制的灌，容积大于2 000 mL	有密封盖，接真空胶管，分别与真空装置和压力表连接
B	容积大于2 000 mL的真空容量瓶	带胶皮塞，接真空胶管，分别与真空装置和压力表连接
C	4 000 mL耐压真空器皿或干燥器	带胶皮塞，接真空胶管，分别与真空装置和压力表连接

(3)真空负压装置：由真空泵、真空表、调压装置、压力表及干燥或积水装置等组成。

(4)振动装置：试验过程中根据需要可以开启或关闭。

(5)恒温水槽：水温控制在为25 ℃±0.5 ℃。

(6)温度计：分度值为0.5 ℃。

(7)其他：玻璃板、平底盘、铲子等。

三、试验准备

(1)按照规定方法拌制沥青混合料，分别拌制两个平行试样，或从沥青路面上采取(或钻取)沥青混合料试样。试样数量不少于表2-14的规定数量。

表2-14　沥青混合料试样数量

公称最大粒径/mm	试样最小质量/g	公称最大粒径/mm	试样最小质量/g
4.75	500	26.5	2 500
9.5	1 000	31.5	3 000

续表

公称最大粒径/mm	试样最小质量/g	公称最大粒径/mm	试样最小质量/g
13.2、16	1 500	37.5	3 500
19	2 000	—	—

(2)将平底盘中的热沥青混合料，在室温中冷却或用电风扇吹，一边冷却一边将沥青混合料团块仔细分散，粗集料不破碎，细集料团块分散到小于6.4 mm。若混合料坚硬，可用烘箱适当加热后再分散，加热温度不超过60 ℃。分散试样时可用铲子翻动、分散，在温度较低时应用手掰开，不得用锤打碎，防止集料破碎。当试样是从施工现场采取的非干燥混合料时，应用电风扇吹干至恒重后再操作。

(3)负压容器标定方法：采用A类容器时，将容器全部浸入25 ℃±0.5 ℃的恒温水槽中，负压容器完全浸没、恒温10 min±1 min后，称取容器的水中质量m_1。当采用B、C类负压容器时，将B、C类负压容器装满25 ℃±0.5 ℃的水(上面用玻璃板盖住保持完全充满水)，正确称取负压容器与水的总质量(m_b)。

(4)将负压容器干燥、编号，称取其干燥质量。

四、试验步骤

(1)将沥青混合料试样装入干燥的负压容器中，称量容器及沥青混合料总质量，得到试样的净质量m_a。

(2)在负压容器中注入25 ℃±0.5 ℃的水，将混合料全部浸没，并较混合料顶面高出约2 cm。

(3)将负压容器放到试验仪上，与真空泵、压力表等连接，开动真空泵，使负压容器内负压在2 min内达到3.7 kPa±0.3 kPa(27.5 mmHg±2.5 mmHg)时，开始计时，同时开动振动装置和抽真空装置，持续15 min±2 min。

为了较易去除气泡，试验前可在水中加0.01%浓度的表面活性剂(如每100 mL水中加0.01 g洗涤灵)。

(4)当抽真空结束后，关闭抽真空装置和振动装置，打开调压阀慢慢卸压，卸压速度不得大于8 kPa/s(通过真空表读数控制)，使负压容器内压力逐渐恢复。

(5)当负压容器采用A类容器时，将盛试样的容器浸入保温至25 ℃±0.5 ℃的恒温水槽中，恒温10 min±1 min后，称取负压容器与沥青混合料的水中质量(m_2)。

(6)当负压容器采用B、C类容器时，将装有沥青混合料试样的容器浸入保温至25 ℃±0.5 ℃的恒温水槽中，恒温10 min±1 min后，注意容器中不得有气泡，擦净容器外的水分，称取容器、水和沥青混合料的总质量(m_c)。

五、结果整理

(1)采用A类容器时，沥青混合料的理论最大相对密度按式(2-11)计算。

$$\gamma_t=\frac{m_a}{m_a-(m_2-m_1)} \tag{2-11}$$

式中　γ_t——沥青混合料理论最大相对密度；

m_a——干燥沥青混合料试样的空中质量(g)；

m_1——负压容器在 25 ℃水中的质量(g)；

m_2——负压容器与沥青混合料在 25 ℃水中的质量(g)。

(2)采用 B、C 类容器做负压容器时，沥青混合料的理论最大相对密度按式(2-12)计算。

$$\gamma_t=\frac{m_a}{m_a+m_b-m_c} \tag{2-12}$$

式中　m_b——装满 25 ℃水的负压容器质量(g)；

m_c——25 ℃时试样、水与负压容器的总质量(g)。

(3)沥青混合料 25 ℃时的理论最大密度按式(2-13)计算。

$$\rho_t=\gamma_t\times\rho_w \tag{2-13}$$

式中　ρ_t——沥青混合料的理论最大密度(g/cm^3)；

ρ_w——25 ℃时水的密度，0.997 1 g/cm^3。

六、思考与检测

检测报告见表 2-15。

表 2-15　检测报告

日期：　　　　班级：　　　　组别：　　　　姓名：　　　　学号：

检测模块/任务	
检测目的	
检测内容： 1. 本试验的目的与适用范围是什么？ 2. 本试验需要的主要仪器有哪些？ 3. 本试验对材料有哪些技术要求？ 4. 简述本试验的准备工作。 5. 简述本试验的试验步骤。 6. 沥青混合料的理论最大相对密度怎么计算？	
答题区：(位置不够，可另行加页)	
纠错与提升：(位置不够，可另行加页)	

续表

<table>
<tr><td>检测模块/任务</td><td colspan="3"></td></tr>
<tr><td colspan="4">检测总结：（位置不够，可另行加页）</td></tr>
<tr><td rowspan="4">考核评定</td><td colspan="2">考核方式</td><td>总评成绩</td></tr>
<tr><td colspan="2">自评：</td><td rowspan="3"></td></tr>
<tr><td colspan="2">互评：</td></tr>
<tr><td colspan="2">教师评：</td></tr>
</table>

任务三　压实沥青混合料密度试验（表干法）（T 0705—2011）（JTG E20—2011）

一、目的与适用范围

（1）本方法适用于测定吸水率不大于2%的各种沥青混合料试件，包括密级配沥青混凝土、沥青玛琋脂碎石混合料（SMA）和沥青稳定碎石等沥青混合料试件的毛体积相对密度和毛体积密度。标准温度为25 ℃±0.5 ℃。

（2）本方法测定的毛体积相对密度和毛体积密度适用于计算沥青混合料试件的空隙率、矿料间隙率等各项体积指标。

二、仪器设备

（1）浸水天平或电子天平：当最大称量在3 kg以下时，感量不大于0.1 g；当最大称量在3 kg以上时，感量不大于0.5 g。应有测量水中重的挂钩。

（2）水中称重装置（图2-4）：网篮、溢流水箱和试件悬吊装置。

（3）其他：秒表、毛巾、电风扇或烘箱等。

图2-4　水中称重示意

三、试验步骤

（1）准备试件。本试验可以采用室内成型的试件，也可以采用工程现场钻芯、切割等方法获得的试件。当采用现场钻芯取样时，应按照规定的方法进行。试验前，试件宜在阴凉处保存（温度不宜高于35 ℃），且应放置在水平的平面上，注意不要使试件产生变形。

(2)选择适宜的浸水天平或电子天平，最大称量应满足试件质量的要求。

(3)除去试件表面的浮粒，称取干燥试件的空中质量(m_a)，根据选择的天平的感量读数，准确至0.1 g或5 g。

(4)将溢流水箱水温保持在25 ℃±0.5 ℃。挂上网篮，浸入溢流水箱，调节水位，将天平调平并复零，把试件置于网篮中(注意不要晃动水)浸入水中3～5 min，称取水中质量(m_w)。若天平读数持续变化，不能很快达到稳定，说明试件吸水较严重，不适用于此法测定，应改用蜡封法测定。

(5)从水中取出试件，用洁净柔软的拧干湿毛巾轻轻擦去试件的表面水(不得吸走空隙内的水)，称取试件的表干质量(m_f)。从试件拿出水面到擦拭结束不宜超过5 s，称量过程中流出的水不得再擦拭。

(6)对从施工现场钻取的非干燥试件，可先称取水中质量(m_w)和表干质量(m_f)，然后用电风扇将试件吹干至恒重(一般不少于12 h，当不需进行其他试验时，也可用60 ℃±5 ℃烘箱烘干至恒重)，再称取空中质量(m_a)。

四、结果整理

(1)按式(2-14)计算试件的吸水率，取1位小数。

$$S_a=\frac{m_f-m_a}{m_f-m_w}\times 100 \tag{2-14}$$

式中 S_a——试件的吸水率(%)；

m_a——干燥试件的空中质量(g)；

m_w——试件的水中质量(g)；

m_f——试件的表干质量(g)。

(2)按式(2-15)及式(2-16)计算试件的毛体积相对密度和毛体积密度，取3位小数。

$$\gamma_f=\frac{m_a}{m_f-m_w} \tag{2-15}$$

$$\rho_f=\frac{m_a}{m_f-m_w}\times\rho_w \tag{2-16}$$

式中 γ_f——试件毛体积相对密度，无量纲；

ρ_f——试件毛体积密度(g/cm^3)；

ρ_w——25 ℃时水的密度，取0.997 1 g/cm^3。

(3)按式(2-17)计算试件的空隙率，取1位小数。

$$VV=\left(1-\frac{\gamma_f}{\gamma_t}\right)\times 100 \tag{2-17}$$

式中 VV——沥青混合料试件的空隙率(%)；

γ_f——试件的毛体积相对密度，无量纲；

γ_t——沥青混合料理论最大相对密度，按规定的方法计算或实测得到，无量纲。

(4)按式(2-18)计算矿料的合成毛体积相对密度，取3位小数。

$$\gamma_{sb}=\frac{100}{\frac{P_1}{\gamma_1}+\frac{P_2}{\gamma_2}+\cdots+\frac{P_n}{\gamma_n}} \tag{2-18}$$

式中　γ_{sb}——矿料的合成毛体积相对密度，无量纲；

P_1、P_2、…、P_n——各种矿料占矿料总质量的百分率(%)，其和为100；

γ_1、γ_2、…、γ_n——各种矿料的相对密度，无量纲；采用《公路工程集料试验规程》(JTG E 42－2005)的方法进行测定，粗集料按T 0304方法测定；机制砂及石屑可按T 0330方法测定，也可以用筛出的2.36～4.75 mm部分按T 0304方法测定的毛体积相对密度代替；矿粉(含消石灰、水泥)采用表观相对密度。

(5)按式(2-19)～式(2-21)计算试件的空隙率、矿料间隙率*VMA*和有效沥青饱和度*VFA*，取1位小数。

$$VV=\left(1-\frac{\gamma_f}{\gamma_t}\right)\times 100 \tag{2-19}$$

$$VMA=\left(1-\frac{\gamma_f}{\gamma_{sb}}\times\frac{P_s}{100}\right)\times 100 \tag{2-20}$$

$$VFA=\frac{VMA-VV}{VMA}\times 100 \tag{2-21}$$

式中　*VV*——沥青混合料试件的空隙率(%)；

VMA——沥青混合料试件的矿料间隙率(%)；

MFA——沥青混合料试件的有效沥青饱和度(%)；

P_s——各种矿料占沥青混合料总质量的百分率之和(%)；按$P_s=100-P_b$计算，P_b为沥青用量(%)；

γ_{sb}——矿料的合成毛体积相对密度，无量纲。

五、实训报告

实训报告见表2-16。

表2-16　实训报告

日期：　　　　　　班级：　　　　　　组别：　　　　　　姓名：　　　　　　学号：

实训题目	压实沥青混合料密度试验(表干法)						成绩		
实训目的									
主要仪器									
矿料名称				沥青标号				沥青用量/%	
毛体积密度/(g·m^{-3})					沥青密度				
矿料比例/%									
编号	试件空气中质量/g	试件水中质量/g	试件表干质量/g	理论密度/(g·cm^{-3})	实测密度/(g·cm^{-3})	沥青体积百分率/%	空隙率/%	矿料间隙率/%	沥青饱和度/%

续表

实训题目	压实沥青混合料密度试验(表干法)				成绩				
实训总结									

任务四　沥青混合料马歇尔稳定度试验(T 0709—2011)(JTG E20—2011)

一、目的与适用范围

(1)本方法适用于马歇尔稳定度试验和浸水马歇尔稳定度试验，以进行沥青混合料的配合比设计或沥青路面施工质量检验。浸水马歇尔稳定度试验(根据需要，也可以进行真空饱水马歇尔试验)供检验沥青混合料受水损害时抵抗剥落的能力时使用，通过测试其水稳定性检验配合比设计的可行性。

动画：沥青混合料马歇尔稳定度试验

(2)本方法适用于标准马歇尔试件圆柱体和大型马歇尔试件圆柱体。

二、仪器设备

(1)沥青混合料马歇尔试验仪(图 2-5)：分为自动式和手动式。自动马歇尔试验仪应具备控制装置、记录荷载-位移曲线、自动测定荷载与试件的垂直变形，能自动显示和存储或打印试验结果等功能。手动式由人工操作，试验数据通过操作者目测后读取数据。

对用于高速公路和一级公路的沥青混合料，宜采用自动马歇尔试验仪。

图 2-5　马歇尔试验仪

1)当集料公称最大粒径小于或等于 26.5 mm 时，宜采用 ϕ101.6 mm×63.5 mm 的标准马歇尔试件，试验仪最大荷载不得小于 25 kN，读数准确至 0.1 kN，加载速率应能保持在 50 mm/min±5 mm/min。钢球直径为 16 mm±0.05 mm，上下压头曲率半径为 50.8 mm±0.08 mm。

2)当集料公称最大粒径大于 26.5 mm 时，宜采用 ϕ152.4 mm×95.3 mm 的大型马歇尔试件，试验仪最大荷载不得小于 50 kN，读数准确至 0.1 kN。上下压头曲率半径为 ϕ152.4 mm±0.2 mm，上下压头间距为 19.05 mm±0.1 mm。

(2)恒温水槽：控温准确至 1 ℃，深度不小于 150 mm。

(3)真空饱水容器：包括真空泵及真空干燥器。

(4)其他：烘箱、天平、温度计、卡尺、棉纱、黄油等。

三、试验准备和试验步骤

1. 标准马歇尔试验方法

(1)试验准备。

1)按标准击实法成型马歇尔试件，试件尺寸应符合要求。一组试件的数量不得少于 4 个，并符合规程的规定。

2)量测试件的直径及高度：用卡尺测量试件中部的直径，用马歇尔试件高度测定器或用卡尺在十字对称的 4 个方向量测离试件边缘 10 mm 处的高度，准确至 0.1 mm，并以其平均值作为试件的高度。如试件高度不符合 63.5 mm±1.3 mm 或 95.3 mm±2.5 mm 要求或两侧高度差大于 2 mm 时，此试件应作废。

3)按本规程规定的方法测定试件的密度，并计算空隙率、沥青体积百分率、沥青饱和度、矿料间隙率等体积指标。

4)将恒温水槽调节至要求的试验温度，对黏稠石油沥青或烘箱养生过的乳化沥青混合料为 60 ℃±1 ℃，对煤沥青混合料为 33.8 ℃±1 ℃，对空气养生的乳化沥青或液体沥青混合料为 25 ℃±1 ℃。

(2)试验步骤。

1)将试件置于已达规定温度的恒温水槽中保温，保温时间对标准马歇尔试件需 30～40 min，对大型马歇尔试件需 45～60 min。试件之间应有间隔，底下应垫起，距离水槽底部不小于 5 cm。

2)将马歇尔试验仪的上下压头放入水槽或烘箱中达到同样温度。将上下压头从水槽或烘箱中取出，擦拭干净内面。为使上下压头滑动自如，可在下压头的导棒上涂少量黄油，再将试件取出置于下压头上，盖上上压头，然后装在加载设备上。

3)在上压头的球座上放妥钢球，并对准荷载测定装置的压头。

4)当采用自动马歇尔试验仪时，将自动马歇尔试验仪的压力传感器、位移传感器与计算机或 *X-Y* 记录仪正确连接，调整好适宜的放大比例，将压力和位移传感器调零。

5)当采用压力环和流值计时，将流值计安装在导棒上，使导向套管轻轻地压住上压头，同时将流值计读数调零。调整压力环中百分表，对零。

6)启动加载设备，使试件承受荷载，加载速度为 50 mm/min ±5 mm/min。计算机或 *X-Y* 记录仪自动记录传感器压力和试件变形曲线，并将数据自动存入计算机。

7)当试验荷载达到最大值的瞬间，取下流值计，同时读取压力环中百分表读数及流值计的流值读数。

8)从恒温水槽中取出试件至测出最大荷载值的时间，不得超过 30 s。

2. 浸水马歇尔试验方法

浸水马歇尔试验方法与标准马歇尔试验方法的不同之处在于，试件在已达规定温度恒温水槽中的保温时间为 48 h，其余步骤均与标准马歇尔试验方法相同。

3. 真空饱水马歇尔试验方法

将试件先放入真空干燥器中，关闭进水胶管，开动真空泵，使干燥器的真空度达到 97.3 kPa(730 mmHg)以上，维持 15 min；然后，打开进水胶管，靠负压进入冷水流使试件全部浸入水中，浸水 15 min 后恢复常压，取出试件再放入已达规定温度的恒温水槽中保温 48 h。其余步骤均与标准马歇尔试验方法相同。

四、结果整理

1. 计算

(1)试件的稳定度及流值。

1)当采用自动马歇尔试验仪时，将计算机采集的数据绘制成压力和试件变形曲线，或由 *X-Y* 记录仪自动记录的荷载-变形曲线，按图 2-6 所示的方法在切线方向延长曲线与横坐标相交于 O_1，将 O_1 作为修正原点，从 O_1 起量取相应于荷载最大值时的变形作为流值(*FL*)，以 mm 计，准确到 0.1 mm。最大荷载即稳定度(*MS*)，以 kN 计，准确到 0.01 kN。

2)采用压力环和流值计测定时，根据压力环标定曲线，将压力环中百分表的读数换算为荷载值，或由荷载测定装置读取的最大值即试样的稳定度(*MS*)，以 kN 计，准确至 0.01 kN。由流值计及位移传感器测定装置读取的试件垂直变形，即试件的流值(*FL*)，以 mm 计，准确至 0.1 mm。

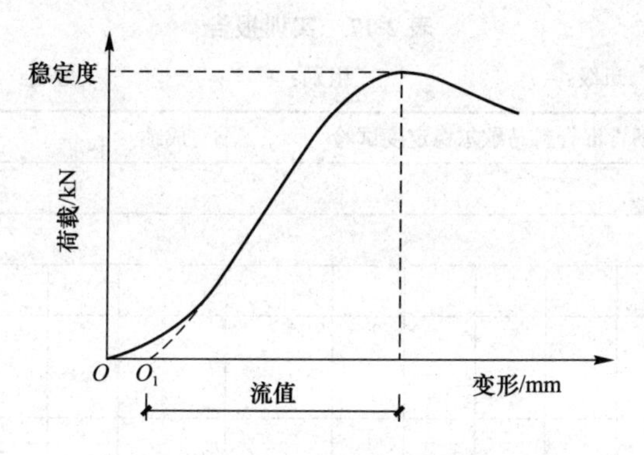

图 2-6　马歇尔试验结果的修正方法

(2)试件的马歇尔模数按式(2-22)计算。

$$T=\frac{MS}{FL} \tag{2-22}$$

式中　T——试件的马歇尔模数(kN/mm)；

MS——试件的稳定度(kN)；

FL——试件的流值(mm)。

(3)试件的浸水残留稳定度按式(2-23)计算。

$$MS_0=\frac{MS_1}{MS}\times 100 \tag{2-23}$$

式中　MS_0——试件的浸水残留稳定度(%)；

MS_1——试件浸水 48 h 后的稳定度(kN)。

(4)试件的真空饱水残留稳定度按式(2-24)计算。

$$MS_0'=\frac{MS_2}{MS}\times 100 \tag{2-24}$$

式中　MS_0'——试件的真空饱水残留稳定度(%)；

MS_2——试件真空饱水后浸水 48 h 后的稳定度(kN)。

2. 报告

(1)当一组测定值中某个测定值与平均值之差大于标准差的 k 倍时，该测定值应予舍弃，并以其余测定值的平均值作为试验结果。当试件数目 n 为 3、4、5、6 个时，k 值分别为 1.15、1.46、1.67、1.82。

(2)报告中需列出马歇尔稳定度、流值、马歇尔模数，以及试件尺寸、试件密度、空隙率、沥青用量、沥青体积百分率、沥青饱和度、矿料间隙率等各项物理指标。当采用自动马歇尔试验时，试验结果应附上荷载-变形曲线原件或自动打印结果。

五、实训报告

实训报告见表 2-17。

表 2-17　实训报告

日期：　　　　　　　　班级：　　　　　　　组别：　　　　　　　姓名：　　　　　学号：

<table>
<tr><td colspan="2">实训题目</td><td colspan="8">沥青混合料马歇尔稳定度试验</td><td colspan="2">成绩</td><td colspan="4"></td></tr>
<tr><td colspan="2">实训目的</td><td colspan="14"></td></tr>
<tr><td colspan="2">主要仪器</td><td colspan="14"></td></tr>
<tr><td colspan="2">矿料名称</td><td></td><td></td><td></td><td></td><td></td><td></td><td></td><td></td><td></td><td></td><td></td><td></td><td rowspan="2">沥青密度/(g·cm^{-3})</td><td rowspan="2">沥青用量/%</td></tr>
<tr><td colspan="2">矿料毛体积密度/(g·cm^{-3})</td><td></td><td></td><td></td><td></td><td></td><td></td><td></td><td></td><td></td><td></td><td></td><td></td></tr>
<tr><td colspan="2">矿料比例/%</td><td></td><td></td><td></td><td></td><td></td><td></td><td></td><td></td><td></td><td></td><td></td><td></td><td></td><td></td></tr>
<tr><td rowspan="3">编号</td><td colspan="5">试件高度</td><td rowspan="3">试件空气中质量/g</td><td rowspan="3">试件水中质量/g</td><td rowspan="3">理论密度/(g·cm^{-3})</td><td rowspan="3">实测密度/(g·cm^{-3})</td><td rowspan="3">沥青体积百分率/%</td><td rowspan="3">空隙率/%</td><td rowspan="3">矿料间隙率/%</td><td rowspan="3">沥青饱和度/%</td><td rowspan="3">稳定度/kN</td><td rowspan="3">流值/0.1 mm^{-1}</td></tr>
<tr><td colspan="4">单值</td><td>均值</td></tr>
<tr><td colspan="5"></td></tr>
<tr><td></td><td></td><td></td><td></td><td></td><td></td><td></td><td></td><td rowspan="4"></td><td></td><td></td><td></td><td></td><td></td><td></td><td></td></tr>
<tr><td></td><td></td><td></td><td></td><td></td><td></td><td></td><td></td><td></td><td></td><td></td><td></td><td></td><td></td><td></td></tr>
<tr><td></td><td></td><td></td><td></td><td></td><td></td><td></td><td></td><td></td><td></td><td></td><td></td><td></td><td></td><td></td></tr>
<tr><td></td><td></td><td></td><td></td><td></td><td></td><td></td><td></td><td></td><td></td><td></td><td></td><td></td><td></td><td></td></tr>
<tr><td colspan="16">平均值</td></tr>
<tr><td colspan="16">实训总结</td></tr>
</table>

任务五　沥青混合料车辙试验(T 0719—2011)(JTG E20—2011)

动画：沥青混合料车辙试验

一、目的与适用范围

(1)本方法适用于测定沥青混合料的高温抗车辙能力，供沥青混合料配合比设计时的高温稳定性检验使用，也可用于现场沥青混合料的高温稳定性检验。

(2)车辙试验的温度与轮压(试验轮与试件的接触压强)可根据有关规定和需要选用，非经注明，试验温度为 60 ℃，轮压为 0.7 MPa。根据需要，如在寒冷地区也可采用 45 ℃，在高温条件下试验温度可采用 70 ℃等，对重载交通的轮压可增加至 1.4 MPa，但应在报告中注明。计算动稳定度的时间原则上为试验开始后 45～60 min。

(3)本方法适用于用轮碾成型机碾压成型的长 300 mm、宽 300 m、厚 50～100 mm 的板块状试件。根据工程需要，也可采用其他尺寸的试件。本方法也适用现场切割板块状试件，切割试件的尺寸根据现场面层的实际情况由试验确定。

二、仪器设备

(1)车辙试验机：如图 2-7 所示，主要由下列部分组成：

1)试件台：可牢固地安装两种宽度(30 mm 及 150 mm)规定尺寸试件的试模。

2)试验轮：橡胶制的实心轮胎，外径 200 mm，轮宽 50 mm，橡胶层厚 15 mm。橡胶硬度(国际标准硬度)20 ℃时为 84±4，60 ℃时为 78±2。试验轮行走距离为 230 mm±10 mm，往返碾压速度为 42 次/min±1 次/min(21 次往返/min)。采用曲柄连杆驱动加载轮往返运行方式。

注：应注意检验轮胎橡胶硬度，不符合要求者应及时更换。

图 2-7　车辙试验机

3)加载装置：通常情况下，试验轮与试件的接触压强在 60 ℃时为 0.7 MPa±0.05 MPa,施加的总荷载为 780 N 左右，根据需要可以调整接触压强大小。

4)试模：钢板制成，由底板及侧板组成，试模内侧尺寸宜采用长 300 mm，宽 300 mm，厚 50～100 mm，也可根据需要对厚度进行调整。

5)试件变形测量装置：自动检测车辙变形并记录曲线的装置，通常用位移传感器或非接触位移计。位移测量范围为 0～130 mm，精度为±0.01 mm。

6)温度检测装置：自动检测并记录试件表面及恒温室内温度的温度传感器，精度为±0.5 ℃。温度应能自动连续记录。

(2)恒温室：恒温室应具有足够的空间。车辙试验机必须整机安放在恒温室内，并装有加热器、气流循环装置及自动温度控制设备，同时恒温室还应具备至少能保温 3 块试件并进行试验的条件。保持恒温室温度在 60 ℃±1 ℃(试件内部温度为 60 ℃±0.5 ℃)，根据需要也可采用其他试验温度。

(3)台秤：称量 15 kg，感量不大于 5 g。

三、试验准备

(1)试验轮接地压强测定。测定在 60 ℃时进行，在试验台上放置一块 50 mm 厚的钢板，其上铺一张毫米方格纸，上铺一张新的复写纸，以规定的 700 N 荷载后试验轮静压复写纸，即可在方格纸上得出轮压面积，并由此求得接地压强。当压强不符合 0.7 MPa±0.05 MPa 时，对荷载应予适当调整。

(2)用轮碾成型法制作车辙试验试块。在实验室或工地制备成型的车辙试件，板块状试件尺寸为长 300 m×宽 300 mm×厚 50～100 m(厚度根据需要确定)。也可从路面切割得到需要尺寸的试件。

(3)当直接在拌合厂取拌和好的沥青混合料样品制作车辙试验试件检验生产配合比设计或混合料生产质量时，必须将混合料装入保温桶，在温度下降至成型温度之前迅速送达试验室制作试件。如果温度稍有不足，可放在烘箱中稍微加热(时间不超过 30 min)后成型，但不得将混合料放冷却后二次加热重塑制作试件。重塑制件的试验结果仅供参考，不得用于评定配合比设计检验是否合格的标准。

(4)如需要，将试件脱模按规定的方法测定密度及空隙率等各项物理指标。

(5)试件成型后，连同试模一起在常温条件下放置的时间不得少于 12 h。对聚合物改性沥青混合料，放置的时间以 48 h 为宜，使聚合物改性沥青充分固化后方可进行车辙试验，但室温放置时间不得长于一周。

注：为使试件与试模紧密接触，应记住四边的方向位置不变。

四、试验步骤

(1)将试件连同试模一起，置于已达到试验温度为 60 ℃±1 ℃的恒温室中，保温不少于

5 h，也不得超过 12 h。在试件的试验轮不行走的部位，粘贴一个热电偶温度计(也可在试件制作时预先将热电偶导线埋入试件一角)，控制试件温度稳定在 60 ℃±0.5 ℃。

(2)将试件连同试模移置于轮辙试验机的试验台上，试验轮在试件的中央部位，其行走方向须与试件碾压或行车方向一致。开动车辙变形自动记录仪，然后启动试验机，使试验轮往返行走，时间约 1 h，或最大变形达到 25 mm 时为止。试验时，记录仪自动记录变形曲线及试件温度。

注：对试验变形较小的试件，也可对一块试件在两侧 1/3 位置上进行两次试验取平均值。

五、结果整理

1. 计算

(1)从图 2-8 上读取 45 min(t_1)及 60 min(t_2)时的车辙变形 d_1 及 d_2，准确至 0.01 mm。当变形过大，在未到 60 min 变形但已达 25 mm 时，则以达到 25 mm(d_2)时的时间为 t_2，将其前 15 min 为 t_1，此时的变形量为 d_1。

(2)沥青混合料试件的动稳定度按式(2-25)计算。

$$DS=\frac{(t_2-t_1)\times N}{d_2-d_1}\times C_1\times C_2 \tag{2-25}$$

式中 DS——沥青混合料的动稳定度(次/mm)；

d_1——对应于时间 t_1 的变形量(mm)；

d_2——对应于时间 t_2 的变形量(mm)；

C_1——试验机类型系数，曲柄连杆驱动加载轮往返运行方式为 1.0；

C_2——试件系数，试验室制备宽 300 mm 的试件为 1.0；

N——试验轮往返碾压速度，通常为 42 次/min。

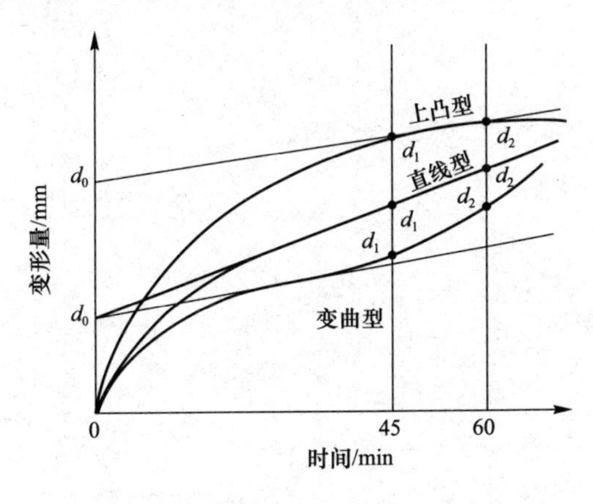

图 2-8 车辙试验自动记录的变形曲线

2. 报告

(1)同一沥青混合料或同一路段的路面，至少平行试验 3 个试件。当 3 个试件的动稳定度变异系数小于 20%时，取其平均值作为试验结果；变异系数大于 20%时应分析原因，并追加试验。如计算动稳定度值大于 6 000 次/mm 时，记作>6 000 次/mm。

(2)试验报告应注明试验温度、试验轮接地压强、试件密度、空隙率及试件制作方法等。

(3)重复性试验动稳定度变异系数的允许误差不大于 20%。

六、实训报告

实训报告见表 2-18

表 2-18 实训报告

日期：　　班级：　　组别：　　姓名：　　学号：

<table>
<tr><td>实训题目</td><td colspan="3">沥青混合料车辙试验</td><td>成绩</td><td colspan="3"></td></tr>
<tr><td>实训目的</td><td colspan="7"></td></tr>
<tr><td>主要仪器</td><td colspan="7"></td></tr>
<tr><td rowspan="2">试验次数</td><td rowspan="2">对应于时间 t_1 的变形量 d_1 /mm</td><td rowspan="2">对应于时间 t_2 的变形量 d_2 /mm</td><td rowspan="2">仪器类型修正系数 C_1</td><td rowspan="2">仪器类型修正系数 C_2</td><td rowspan="2">车轮往返碾压速度/（次·min^{-1}）</td><td colspan="2">沥青混合料试件的动稳定度/（次·mm^{-1}）</td></tr>
<tr><td>单值</td><td>平均值</td></tr>
<tr><td>1</td><td></td><td></td><td></td><td></td><td></td><td></td><td rowspan="3"></td></tr>
<tr><td>2</td><td></td><td></td><td></td><td></td><td></td><td></td></tr>
<tr><td>3</td><td></td><td></td><td></td><td></td><td></td><td></td></tr>
<tr><td>试件尺寸</td><td></td><td>标准差/（次·mm^{-1}）</td><td>变异系数 Cv/%</td><td colspan="4"></td></tr>
<tr><td colspan="8">实训总结</td></tr>
</table>

模块四　沥青混合料配合比设计与应用

【例 2-1】 试设计某高速公路沥青混凝土路面中面层用沥青混合料的配合组成。

【原始资料】

(1)该高速公路沥青面层为三层式结构的上面层。

(2)气候条件：最高月平均气温为 31 ℃，最低月平均气温为−8 ℃，年降水量为 1 500 mm。

(3)材料性能。

1)沥青材料。可供应 50 号、70 号和 90 号的道路石油沥青，经检验技术性能均符合要求。

2)矿质材料。碎石和石屑：石灰石轧制碎石，保水抗压强度为 120 MPa，洛杉矶磨耗率为 12%、黏附性(水煮法)5 级，视密度为 2.70 g/cm^3；砂：洁净海砂，细度模数属中砂，含泥量及泥块量均<1%，视密度为 2.65 g/cm^3；矿粉：石灰石磨细石粉，粒度范围符合技术要求，无团粒结块，视密度为 2.58 g/cm^3。

【设计要求】

(1)根据道路等级、路面类型和结构层位确定沥青混凝土的矿质混合料的级配范围。根据现有各种矿质材料的筛分结构，用图解法确定各种矿质材料的配合比。

(2)根据选定的矿质混合料类型相应的沥青用量范围，通过马歇尔试验，确定最佳沥青用量。

(3)根据高速公路沥青混合料要求，对矿质混合料的级配进行调整，沥青用量按水稳定性检验和抗车辙能力校核。

【设计步骤】

1. 矿质混合料配合比组成设计

(1)确定沥青混合料类型。题目中有给出道路等级为高速公路，路面类型为沥青混凝土，路面结构为三层式沥青混凝土上面层，为使上面层具有较好的抗滑性，选用细粒式密级配(AC-13)沥青混凝土混合料。

(2)确定矿质混合料级配与范围。细粒式密级配沥青混凝土的矿质混合料级配范围见表 2-19。

表 2-19　矿质混合料要求级配范围

级配类型	筛孔尺寸/mm									
	16.0	13.2	9.5	4.75	2.36	1.18	0.6	0.3	0.15	0.075
AC-13	100	90～100	68～85	38～68	24～50	15～38	10～28	7～20	5～15	4～8
中值	100	95	76.5	53	37	26.5	19	13.5	10	6

(3)矿质混合料配合比计算。

1)组成材料筛分试验。根据现场取样，将碎石、石屑、砂和矿粉等原材料筛分结果列于表 2-20。

表 2-20　组成材料筛分试验结果

材料名称	筛孔尺寸/mm									
	16.0	13.2	9.5	4.75	2.36	1.18	0.6	0.3	0.15	0.075
	通过百分率/%									
碎石	100	94	26	0	0	0	0	0	0	0
石屑	100	100	100	80	40	17	0	0	0	0
砂	100	100	100	100	94	90	76	38	17	0
矿粉	100	100	100	100	100	100	100	100	100	86

2) 组成材料配合比计算。采用图解法计算组成材料配合比，如图 2-9 所示。由图解法确定各种材料用量：碎石∶石屑∶砂∶矿粉=37%∶38%∶17%∶8%。各种材料的配合比计算见表 2-21。将表 2-21 计算的合成级配绘于图 2-10 中。

从图 2-9 可以看出，计算结果的合成级配曲线接近级配范围中值。

3)调整配合比。由于高速公路交通量大，轴载重，为使沥青混合料具有较高的高温稳定性，合成级配曲线应偏向级配曲线范围的下限，为此应调整配合比。

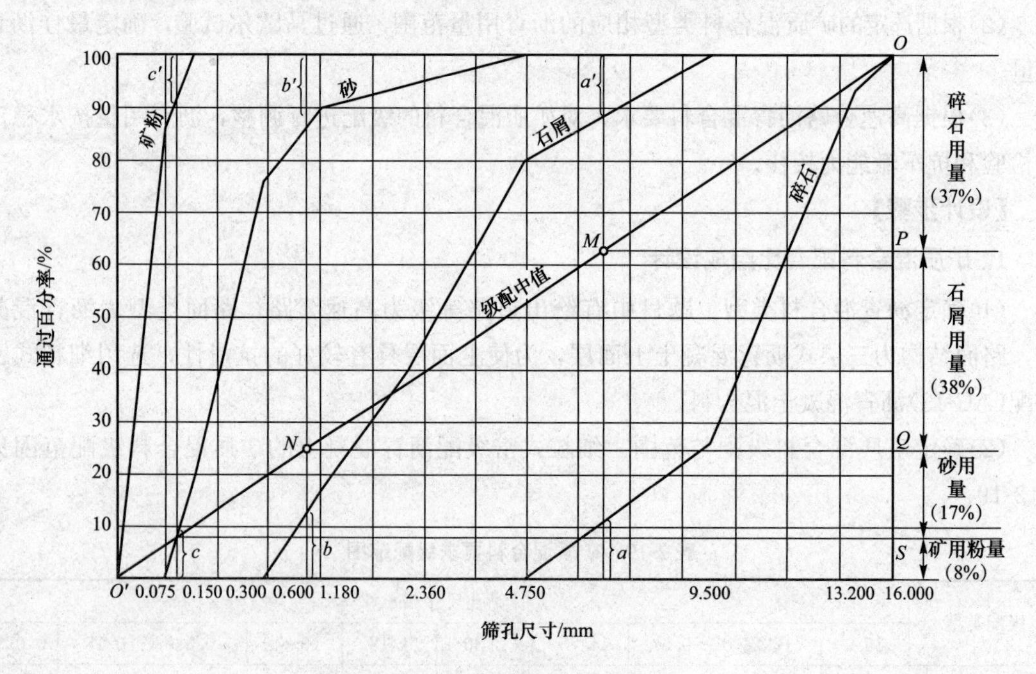

图 2-9　矿质混合料配合比计算

表 2-21　矿质混合料组成配合计算

材料组成		筛孔尺寸/mm									
		16.0	13.2	9.5	4.75	2.36	1.18	0.6	0.3	0.15	0.075
		通过百分率/%									
原材料级配	碎石 100%	100	94	26	0	0	0	0	0	0	0
	石屑 100%	100	100	100	80	40	17	0	0	0	0
	砂 100%	100	100	100	100	94	90	76	38	17	0
	矿粉 100%	100	100	100	100	100	100	100	100	100	86
各种矿质材料在混合料中的级配	碎石 37% (43%)	37 (43)	34.8 (43)	9.6 (43)	0 (0)	0 (0)	0 (0)	0 (0)	0 (0)	0 (0)	0 (0)
	石屑 38% (35%)	38 (35)	38 (35)	38 (35)	30.4 (28)	15.2 (14)	6.5 (5.9)	0 (0)	0 (0)	0 (0)	0 (0)
	砂 17% (15%)	17 (15)	17 (15)	17 (15)	17 (15)	15.9 (14.1)	15.3 (13.5)	12.9 (11.4)	6.5 (5.7)	2.9 (2.6)	0 (0)
	矿粉 8% (7%)	8 (7)	8 (7)	8 (7)	8 (7)	8 (7)	8 (7)	8 (7)	8 (7)	8 (7)	6.9 (6.0)
合成级配		100 (100)	97.8 (97.4)	72.6 (68.2)	55.4 (50)	39.1 (35.1)	29.8 (26.4)	20.9 (18.4)	14.5 (12.7)	10.9 (9.6)	6.9 (6.0)
级配范围(AC-13)		100	90～100	68～85	38～68	24～50	15～38	10～28	7～20	5～15	4～8
级配中值		100	95	76.5	53	37	26.5	19	13.5	10	6
注：括号内的数值为级配调整后的各项相应数值。											

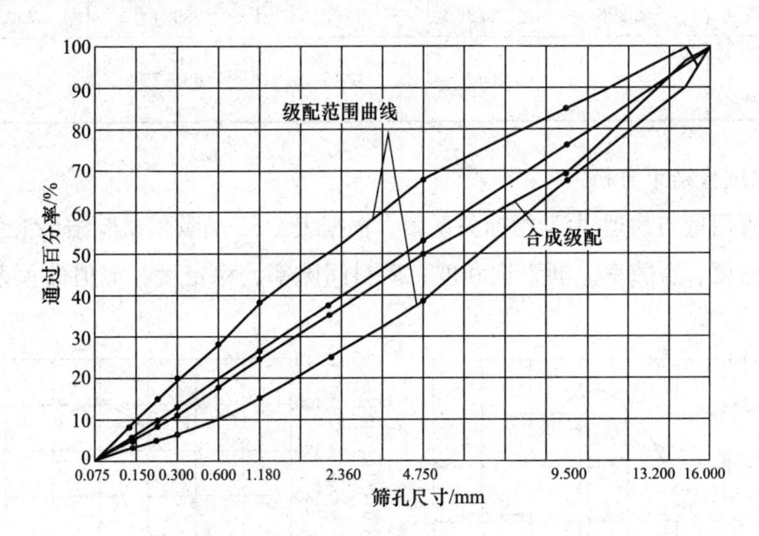

图 2-10　矿质混合料级配范围和合成级配

经过组成配合比的调整，各种材料用量：碎石：石屑：砂：矿粉＝43%：35%：15%：7%。此计算结果见表 2-21 中括号内的数值，并将合成级配绘于图 2-10 中。由图 2-10 可看出，调整后的合成级配曲线为一条光滑、平顺接近级配曲线下限的曲线。

2. 最佳沥青用量确定

(1)试件成型。当地气候条件属于 1-4 夏炎热冬温区，采用 70 号沥青。

以预估沥青用量为中值，采用 0.5%间隔变化，与前计算的矿质混合料配合比制备 5 组试件，按表 2-1 规定每面各击实 75 次的方法成型。

(2)马歇尔试验。

1)物理指标测定。按上述方法成型的试件，经 24 h 后测定其毛体积密度、空隙率、矿料间隙率、沥青饱和度等物理指标。

2)力学指标测定。测定物理指标后的试件，在 60 ℃温度下测定其马歇尔稳定度和流值。

马歇尔试验结果见表 2-22，并按表 2-1 规定，将规范要求的高速公路用细粒式热拌沥青混合料的各项指标技术标准列于表 2-22 以供对照评定。

表 2-22　马歇尔试验物理-力学指标测定结果汇总

试件组号	沥青用量/%	技术性质					
		毛体积密度 $\rho_f/(g\cdot cm^{-3})$	空隙率 VV/%	矿料间隙率 VMA/%	沥青饱和度 VFA/%	稳定度 MS/kN	流值 FL/mm
01	4.5	2.353	6.4	16.7	61.7	7.8	2.1
02	5.0	2.378	4.7	16.3	71.2	8.6	2.5
03	5.5	2.392	3.4	16.2	79.0	8.7	3.2
04	6.0	2.401	2.3	16.4	85.8	8.1	3.7
05	6.5	2.396	1.8	17.0	89.4	7.0	4.4
技术标准(JTG F 40—2004)		—	3～6	≥15	65～75	≥8	1.5～4.0

(3)马歇尔试验结果分析。

1)绘制沥青用量与物理-力学指标关系图。根据表 2-22 马歇尔试验结果汇总，绘制沥青用量与毛体积密度、空隙率、沥青饱和度、矿料间隙率、稳定度、流值的关系，如图 2-11 所示。

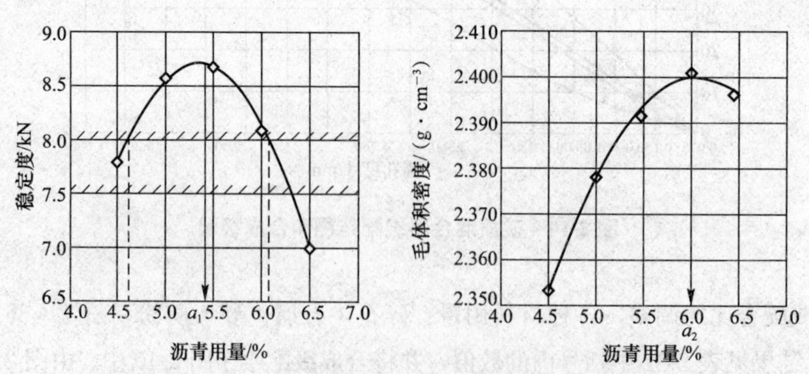

图 2-11　沥青用量与马歇尔试验物理-力学指标关系

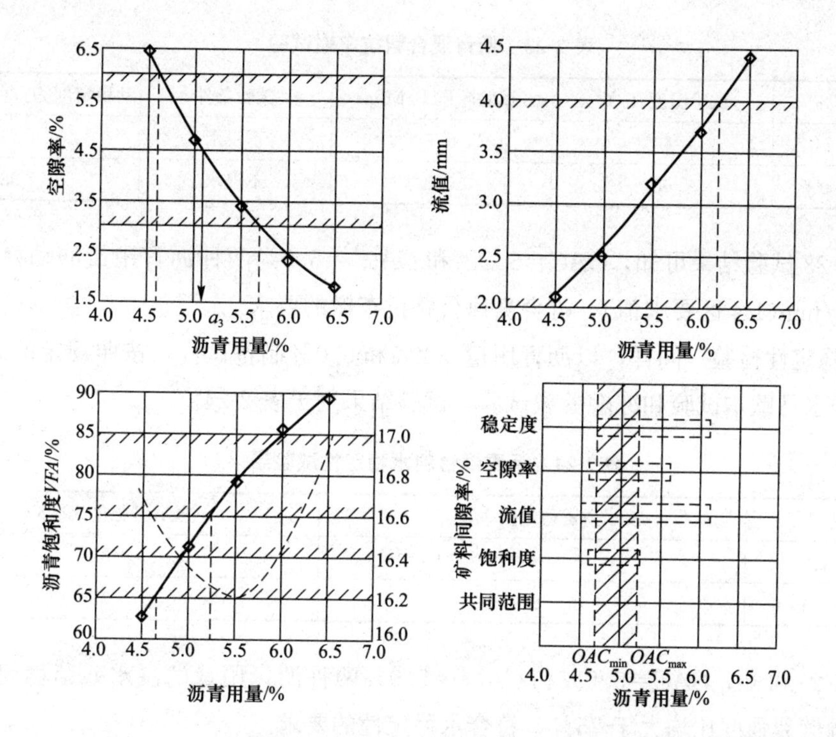

图 2-11　沥青用量与马歇尔试验物理-力学指标关系(续)

2)确定最佳沥青用量初始值 OAC_1。由图 2-11 可得，相应于稳定度最大值的沥青用量 $a_1=5.4\%$，相应于密度最大值的沥青用量 $a_2=6.0\%$，相应于目标空隙率范围的中值的沥青用量 $a_3=5.1\%$，相应于沥青饱和度范围的中值的沥青用量 $a_4=4.9\%$。

$$OAC_1=\frac{a_1+a_2+a_3+a_4}{4}=\frac{5.4\%+6.0\%+5.1\%+4.9\%}{4}=5.35\%$$

3)确定最佳沥青用量初始值 OAC_2。由图 2-11 可得，各项指标符合沥青混合料技术指标的沥青用量范围。

$$OAC_{min}=4.7\% \qquad OAC_{max}=5.3\%$$

$$OAC_2=\frac{OAC_{min}+OAC_{max}}{2}=\frac{4.7\%+5.3\%}{2}=5.0\%$$

4)通常情况下，取 OAC_1 及 OAC_2 的中值作为计算的最佳沥青用量 OAC。

$$OAC=\frac{OAC_1+OAC_2}{2}=\frac{5.35\%+5.0\%}{2}=5.2\%$$

5)按上式计算的最佳沥青用量 OAC，从图 2-11 中得出所对应的空隙率和 VMA 值，满足表 2-2 关于最小 VMA 值的要求。

6)调整最佳沥青用量 OAC。当地属于炎热地区的高速公路的重载交通路段，宜在空隙率符合要求的范围内将计算的最佳沥青用量减小 0.1%～0.5%作为设计沥青用量，则调整后的最佳沥青用量为 $OAC'=5.0\%$。

(4)抗车辙能力校核。以沥青用量 5.2%和 5.0%制备试件，进行车辙试验，试验结果列于表 2-23。

表 2-23　沥青混合料抗车辙试验

沥青用量/%	试验温度 T/℃	试验轮压 P/MPa	试验条件	动稳定度 DS/(次·mm^{-1})
OAC=5.2	60	0.7	不浸水	1 130
OAC'=5.0	60	0.7	不浸水	1 380

从表 2-23 试验结果可知，OAC=5.2%和 OAC'=5.0%两种沥青用量的动稳定度均大于 1 000 次/mm(1-4 区要求值)，符合高速公路抗车辙的要求。

(5)水稳定性检验。同样，以沥青用量 5.2%和 5.0%制备试件，按照规定的试验方法，必须进行浸水马歇尔试验和冻融劈裂试验，试验结果列于表 2-24。

表 2-24　沥青混合料水稳定性试验结果

沥青用量/%	浸水残留稳定度 MS_0/%	冻融劈裂强度比 TRS/%
OAC=5.2	89	82
OAC'=5.0	82	75

从表 2-24 可知，OAC=5.2%和 OAC'=5.0%两种沥青用量的浸水残留稳定度均大于 80%，冻融劈裂强度比均大于 75%，符合水稳定性的要求。

由以上结果得出，沥青用量为 5.0%时，水稳定性符合要求，且动稳定度较高，抗车辙能力较强，所以，沥青用量为 5.0%是最佳沥青用量。

3. 思考与检测

检测报告见表 2-25。

表 2-25　检测报告

日期：　　　　班级：　　　　组别：　　　　姓名：　　　　学号：

检测模块/任务	
检测目的	
检测内容： 1. 简述沥青混合料配合比设计步骤。 2. 沥青最佳用量用什么方法确定？ 3. 怎样进行马歇尔试验结果分析？ 4. 怎样调整最佳沥青用量？	
答题区：(位置不够，可另行加页)	
纠错与提升：(位置不够，可另行加页)	

续表

<table>
<tr><td>检测模块/任务</td><td colspan="2"></td></tr>
<tr><td colspan="3">检测总结：（位置不够，可另行加页）</td></tr>
<tr><td rowspan="4">考核评定</td><td>考核方式</td><td>总评成绩</td></tr>
<tr><td>自评：</td><td rowspan="3"></td></tr>
<tr><td>互评：</td></tr>
<tr><td>教师评：</td></tr>
</table>

模块五　实训应用

一、工作任务

试设计一级公路沥青路面面层用细粒式沥青混凝土配合比组成。

【原始资料】

(1)道路等级：一级公路。

(2)路面类型：沥青混凝土。

(3)结构层位：两层式沥青混凝土上面层。

(4)气候条件：最高月气温为32 ℃，最低月平均气温－5 ℃，年降水量为1 500 mm。

(5)材料性能。

1)沥青材料。可供应50号和70号的道路石油沥青，经检验各项指标符合要求。

2)碎石和石屑。Ⅰ级石灰岩轧制碎石，保水抗压强度为150 MPa，洛杉矶磨耗率为10%，黏附性(水煮法)5级，表观密度为2.72 g/cm^3。

细集料和矿粉的级配组成，经筛分试验结果列于表2-26。

表2-26　组成材料筛分试验结果

材料名称	筛孔尺寸/mm									
	16.0	13.2	9.5	4.75	2.36	1.18	0.6	0.3	0.15	0.075
	通过百分率/%									
碎石	100	96.4	20.2	2.0	0	0	0	0	0	0
石屑	100	100	100	80.3	45.3	18.2	3.0	0	0	0
砂	100	100	100	100	90.5	80.2	70.5	36.2	18.3	2.0
矿粉	100	100	100	100	100	100	100	100	100	85.2

【设计要求】

(1)根据道路等级、路面类型和结构层次确定沥青混凝土的类型和矿质混合料的级配范围。根据现有各种矿质材料的筛分结果，用图解法或试算法确定各种矿质材料的配合比。

(2)根据规范推荐的相应沥青混凝土类型的沥青用量范围，通过马歇尔试验的物理-力学指标，确定最佳沥青用量。

(3)根据一级公路路面用沥青混合料要求，对矿质混合料的级配进行调整，并对最佳沥青用量按水稳定性检验和抗车辙能力校核。

马歇尔试验结果汇总于表2-27，以供学生分析评定参考使用。

表 2-27 马歇尔试验物理-力学指标测定结果汇总

试件组号	沥青用量/%	技术性质					
		毛体积密度 ρ_f/(g·cm^{-3})	空隙率 *VV*/%	矿料间隙率 *VMA*/%	沥青饱和度 *VFA*/%	稳定度 *MS*/kN	流值 *FL*/mm
01	4.5	2.366	6.2	17.6	68.5	8.2	2.0
02	5.0	2.381	5.1	17.3	75.5	9.5	2.4
03	5.5	2.398	4.0	16.7	84.4	9.6	2.8
04	6.0	2.382	3.2	17.1	88.6	8.4	3.1
05	6.5	2.378	2.6	17.7	88.1	7.1	3.6

二、思考与检测

检测报告见表 2-28。

表 2-28 检测报告

日期： 班级： 组别： 姓名： 学号：

检测模块/任务		
检测目的		
检测内容： 模块五实训		
答题区：(位置不够，可另行加页)		
纠错与提升：(位置不够，可另行加页)		
检测总结：(位置不够，可另行加页)		
考核评定	考核方式	总评成绩
	自评：	
	互评：	
	教师评：	

项目三　水泥混凝土配合比设计与应用

学习目标

1. 知识目标

(1)掌握不同配合比阶段的流程及计算；

(2)掌握不同配合比阶段所需试验。

2. 技能目标

能根据工程实际，进行水泥混凝土配合比设计。

3. 素质目标

(1)培养善于思考、科学严谨的思维模式和执行能力；

(2)培养善于沟通、团队协作的互助能力。

技术标准

(1)《公路桥涵施工技术规范》(JTG/T 3650—2020)；

(2)《公路水泥混凝土路面设计规范》(JTG D40—2011)；

(3)《公路水泥混凝土路面施工技术细则》(JTG/T F30—2014)；

(4)《通用硅酸盐水泥》(GB 175—2007)；

(5)《建设用卵石、碎石》(GB/T 14685—2011)；

(6)《建设用砂》(GB/T 14684—2011)。

试验规程

(1)《普通混凝土配合比设计规程》(JGJ 55—2011)；

(2)《公路工程水泥及水泥混凝土试验规程》(JTG 3420—2020)；

(3)《公路工程集料试验规程》(JTG E 42—2005)；

(4)《混凝土物理力学性能试验方法标准》(GB/T 50081—2019)。

项目三　任务单

<table>
<tr><td>任务名称</td><td>水泥混凝土配合比设计</td><td>上课地点</td><td>水泥混凝土试验室</td><td>建议学时</td><td>12</td></tr>
<tr><td>任务目的</td><td colspan="5">确保水泥混凝土的技术条件满足设计和施工要求，保证质量，经济合理</td></tr>
<tr><td>适用范围</td><td colspan="5">适用于工业与民用建筑及一般构筑物中所采用的普通水泥混凝土的配合比设计</td></tr>
<tr><td rowspan="2">任务目标</td><td colspan="5">知识目标：
1. 理解普通水泥混凝土的原材料性能、技术要求和试验原理；
2. 掌握普通水泥混凝土配合比设计的依据、步骤和要点；
3. 掌握普通水泥混凝土工作性能(坍落度、棍度、黏聚性、保水性、含砂情况、抗压强度的试验及评定方法)；
4. 了解普通水泥混凝土配合比设计试验时可能发生的安全隐患与安全要求</td></tr>
<tr><td colspan="5">能力目标：
1. 能够根据普通水泥混凝土配合比设计的程序，正确计算配置强度、配合比；
2. 能够正确进行工作性能、抗压强度的试验操作；
3. 能够正确填写普通水泥混凝土配合比设计试验记录表；
4. 能够正确计算并评定普通水泥混凝土工作性能、抗压强度</td></tr>
<tr><td>任务要求</td><td colspan="5">1. 以小组为单位开展检测，每组 6 人；
2. 能正确使用、整理仪器设备，不故意损坏；
3. 按规范要求完成检验过程，认真准确填写试验记录；
4. 根据要求正确计算并设计混凝土配合比，并能熟练调整单位用水量、砂率等</td></tr>
<tr><td>安全、卫生要求</td><td colspan="5">1. 检查混凝土搅拌机工作性能，试验中待搅拌机完全停止后方可进行下一工序；
2. 检查压力试验机电气部分是否绝缘良好。注意压力试验机预热要求；
3. 应保持工作场地清洁，设备使用后应清扫仪器上的碎屑和脏物</td></tr>
<tr><td rowspan="11">仪器设备</td><td>序号</td><td>名称</td><td>规格型号</td><td>数量</td><td>使用要求与要点</td></tr>
<tr><td>1</td><td>压力试验机</td><td>2 000 kN</td><td>1</td><td>接通电源，机器是否运转正常</td></tr>
<tr><td>2</td><td>混凝土搅拌机</td><td>30 L</td><td>1</td><td>接通电源，机器是否运转正常</td></tr>
<tr><td>3</td><td>台秤</td><td>1 g</td><td>1</td><td>切勿超量，轻拿轻放，水平放置</td></tr>
<tr><td>4</td><td>天平</td><td>0.1 g</td><td>1</td><td>切勿超量，轻拿轻放，水平放置</td></tr>
<tr><td>5</td><td>维勃稠度仪</td><td></td><td>1</td><td>防撞、防变形</td></tr>
<tr><td>6</td><td>坍落度筒</td><td>含量具</td><td>1</td><td>防撞、防摔</td></tr>
<tr><td>7</td><td>振动台</td><td></td><td>1</td><td>防撞、防过载</td></tr>
<tr><td>8</td><td>烘箱</td><td></td><td>1</td><td>防烫伤</td></tr>
<tr><td>9</td><td>试模</td><td>150 mm 立方体</td><td>9</td><td>防撞、防变形</td></tr>
<tr><td></td><td colspan="4">金属捣棒、量筒等</td></tr>
<tr><td rowspan="2">成果提交</td><td>1</td><td colspan="4">顺利完成试验，并保持仪器设备完好入库</td></tr>
<tr><td>2</td><td colspan="4">填写完整的普通水泥混凝土配合比试验记录表</td></tr>
</table>

模块一 相关知识

由水泥、水和粗、细集料按适当比例配合，必要时掺加适量的外加剂、掺合料等配制而成的拌合物，经过一定凝结硬化时间后形成的人造石材，简称为水泥混凝土。水泥混凝土中各组成材料用量之比即水泥混凝土的配合比。水泥混凝土配合比设计就是根据原材料的性能和对水泥混凝土的技术要求，通过计算和试配调整，确定满足工程技术经济指标的水泥混凝土各组成材料的用量。

一、水泥混凝土配合比表示方法

1. 单位用量表示法

以每立方米混凝土中各种材料的用量表示。例如，水泥：矿物掺合料：水：细集料：粗集料＝315 kg：79 kg：185 kg：591 kg：1 200 kg。

2. 相对用量表示法

以水泥的质量为1，并按“水泥：矿物掺合料：细集料：粗集料：水胶比”的顺序排列表示。例如，1：0.23：2.66：4.78；W/B＝0.43。

二、水泥混凝土配合比基本要求

1. 满足结构物设计强度的要求

为了保证结构物的可靠性，在配置混凝土配合比时，必须考虑结构物的重要性、施工单位、施工水平、施工环境等因素，拟采用一个比设计强度高的“配置强度”，才能满足设计强度的要求。

2. 满足施工工作性的要求

按照结构物断面尺寸和形状、钢筋的配置情况、施工方法及设备等，合理确定混凝土拌合物工作性(坍落度或维勃稠度)。

3. 满足耐久性的要求

根据结构物所处环境条件，如严寒地区的路面或桥梁墩(台)处于水位升降范围、处于有侵蚀介质的环境等，为保证结构的耐久性，在设计混凝土配合比时，应考虑允许最大水胶比和最小水泥用量。

4. 满足经济性的要求

在满足设计强度、工作性和耐久性的前提下，配合比设计中应尽量降低高价材料的用量，并考虑应用当地材料和工业废料，以配制成性能优良、价格低的混凝土。

三、水泥混凝土配合比设计参数

由胶凝材料、水、细集料、粗集料组成的普通混凝土配合比设计，就是确定胶凝材料、水、砂、石这四组分之间的分配比例，四组分的比例可以由三参数来控制。三参数为水胶比、单位用水量及砂率值，三参数直接影响水泥混凝土的技术性质和经济效益，是水泥混凝土配合比设计的三个重要参数，如图 3-1 所示。

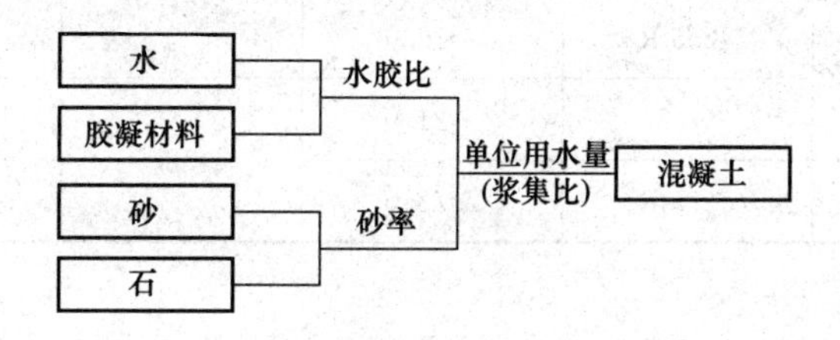

图 3-1　混凝土四组分与三参数关系

四、普通水泥混凝土原材料技术要求

1. 水泥

(1)水泥品种的选择。配置水泥混凝土一般可采用硅酸盐水泥、普通硅酸盐水泥、矿渣硅酸盐水泥、火山灰质硅酸盐水泥和粉煤灰硅酸盐水泥，必要时也可采用快硬硅酸盐水泥或其他水泥。

(2)水泥强度等级的选择。一般以水泥强度等级(见表 3-1)为混凝土强度等级的 1.1～1.6 倍为宜；配制强度等级较高的混凝土时，以水泥强度等级为混凝土强度等级的 0.7～1.2 倍。

表 3-1　通用硅酸盐水泥(GB 175—2007)

品种	强度等级	抗压强度/MPa		抗折强度/MPa	
		3 d	28 d	3 d	28 d
硅酸盐水泥	42.5	≥17.0	≥42.5	≥3.5	≥6.5
	42.5 R	≥22.0		≥4.0	
	52.5	≥23.0	≥52.5	≥4.0	≥7.0
	52.5 R	≥27.0		≥5.0	
	62.5	≥28.0	≥62.5	≥5.0	≥8.0
	62.5 R	≥32.0		≥5.5	
普通硅酸盐水泥	42.5	≥17.0	≥42.5	≥3.5	≥6.5
	42.5 R	≥22.0		≥4.0	
	52.5	≥23.0	≥52.5	≥4.0	≥7.0
	52.5 R	≥27.0		≥5.0	

续表

品种	强度等级	抗压强度/MPa		抗折强度/MPa	
		3 d	28 d	3 d	28 d
矿渣硅酸盐水泥、火山灰质硅酸盐水泥、粉煤灰硅酸盐水泥、复合硅酸盐水泥	32.5	≥10.0	≥32.5	≥2.5	≥5.5
	32.5 R	≥15.0		≥3.5	
	42.5	≥15.0	≥42.5	≥3.5	≥6.5
	42.5 R	≥19.0		≥4.0	
	52.5	≥21.0	≥52.5	≥4.0	≥7.0
	52.5 R	≥23.0		≥4.5	

2. 细集料

水泥混凝土用细集料的基础要求主要有砂的颗粒级配和细度模数(同细集料的筛分)，见表3-2、表3-3。技术要求应符合现行标准《建设用砂》(GB/T 14684—2011)的规定，主要包括有害物质含量、含泥量、石粉含量和泥块含量、坚固性、表观密度、松散堆积密度、空隙率、碱集料反应，具体见表3-4。

表3-2 混凝土用砂的颗粒级配

方孔筛尺寸/mm 级配区	累计筛余百分率/%		
	Ⅰ类	Ⅱ类	Ⅲ类
9.5	0	0	0
4.75	10~0	10~0	10~0
2.36	35~5	25~0	15~0
1.18	65~35	50~10	25~0
0.6	85~71	70~41	40~16
0.3	95~80	92~70	85~55
0.15(天然砂)	100~90	100~90	100~90
0.15(机制砂)	97~85	94~80	94~75

表3-3 水泥混凝土天然砂规格要求

试验项目	混凝土强度等级			试验方法
	C50~C80	C30≤强度<C50	<C30	
细度模数	≥2.6	≥2.3	—	《公路工程集料试验规程》(JTG E 42—2005)

表 3-4　细集料技术要求

项目		技术要求		
		Ⅰ类	Ⅱ类	Ⅲ类
有害物质含量	云母含量(按质量计)/%	≤1.0	≤2.0	≤2.0
	轻物质含量(按质量计)/%	≤1.0		
	有机物含量(比色法)	合格		
	硫化物及硫酸盐(按 SO_3 质量计)/%	≤0.5		
	氯化物含量(按氯离子质量计)/%	≤0.01	≤0.02	≤0.06
天然砂含泥量(按质量计)/%		≤1.0	≤3.0	≤5.0
天然砂、机制砂泥块含量(按质量计)/%		0	≤1.0	≤2.0
机制砂的石粉含量(按质量计)/%	MB 值≤1.4 或快速法试验合格	≤10.0		
	MB 值>1.4 或快速法试验不合格	≤1.0	≤3.0	≤5.0
坚固性(按质量计)/%		≤8	≤8	≤10
机制砂单级最大压碎指标/%		≤20	≤25	≤30
表观密度/($kg\cdot m^{-3}$)		≥2 500		
松散堆积密度/($kg\cdot m^{-3}$)		≥1 400		
空隙率/%		≤44		
碱集料反应		经碱集料反应试验后，由砂配制的试件无裂缝、酥裂、胶体外溢等现象，在规定试验龄期膨胀率应小于 0.10%		
注：Ⅰ类宜用于强度等级大于 C60 的混凝土； Ⅱ类宜用于强度等级为 C30～C60 及抗冻、抗渗或有其他要求的混凝土； Ⅲ类宜用于强度等级小于 C30 的混凝土。				

3. 粗集料

水泥混凝土用粗集料的基础要求主要有筛分及级配合成，具体见表 3-5。技术要求主要包括碎石、卵石压碎指标，坚固性，针、片状颗粒总含量，有害物质含量，吸水率、空隙率、表观密度、松散堆积密度、碱集料反应，具体见表 3-6。

表 3-5　粗集料的颗粒级配与范围

级配情况	公称粒径/mm	筛孔尺寸(方孔筛)/mm											
		2.36	4.75	9.5	16.0	19.0	26.5	31.5	37.5	53.0	63.0	75.0	90
		累计筛余(按质量计,%)											
连续级配	5～16	95～100	85～100	30～60	0～10	—	—	—	—	—	—	—	—
	5～20	95～100	90～100	40～80	—	0～10	0	—	—	—	—	—	—
	5～25	95～100	90～100	—	30～70	—	0～5	0	—	—	—	—	—
	5～31.5	95～100	90～100	70～90	—	15～45	—	0～5	0	—	—	—	—
	5～40	—	95～100	70～90	—	30～65	—	—	0～5	0	—	—	—

续表

级配情况	公称粒径/mm	筛孔尺寸(方孔筛)/mm											
		2.36	4.75	9.5	16.0	19.0	26.5	31.5	37.5	53.0	63.0	75.0	90
		累计筛余(按质量计,%)											
单粒级配	5～10	95～100	80～100	0～15	0	—	—	—	—	—	—	—	—
	10～16	—	95～100	80～100	0～15	—	—	—	—	—	—	—	—
	10～20	—	95～100	85～100	—	0～15	0	—	—	—	—	—	—
	16～25	—	—	95～100	55～70	25～40	0～10	—	—	—	—	—	—
	16～31.5	—	95～100	—	85～100	—	—	0～10	0	—	—	—	—
	20～40	—	—	95～100	—	80～100	—	—	0～10	0	—	—	—
	40～80	—	—	—	—	95～100	—	—	70～100	—	30～60	0～10	0

表 3-6　粗集料技术要求

项目		技术要求		
		Ⅰ类	Ⅱ类	Ⅲ类
碎石压碎指标/%		≤10	≤20	≤30
卵石压碎指标/%		≤12	≤14	≤16
坚固性(质量损失)/%		≤5	≤8	≤12
针、片状颗粒总含量(按质量计)/%		≤5	≤10	≤15
有害物质含量	含泥量(按质量计)/%	≤0.5	≤1.0	≤1.5
	泥块含量(按质量计)/%	0	≤0.2	≤0.5
	有机物含量(比色法)	合格		
	硫化物及硫酸盐含量(按 SO_3 质量计)/%	≤0.5	≤1.0	
吸水率/%		≤1.0	≤2.0	≤2.0
空隙率/%		≤43	≤45	≤47
表观密度/(kg·m^{-3})		≥2 600		
松散堆积密度/(kg·m^{-3})		报告其实测值≥1 400		
岩石抗压强度(水饱和状态)/MPa		火成岩应不小于 80; 变质岩应不小于 60; 水成岩应不小于 30		
碱集料反应		经碱集料反应试验后，试件无裂缝、酥裂、胶体外溢等现象，在规定试验龄期膨胀率应小于 0.10%		

注：Ⅰ类宜用于强度等级大于 C60 的混凝土；

Ⅱ类宜用于强度等级为 C30～C60 及抗冻、抗渗或有其他要求的混凝土；

Ⅲ类宜用于强度等级小于 C30 的混凝土。

4. 混凝土的拌合用水

符合国家标准的饮用水可直接作为混凝土的拌制和养护用水，当采用其他水源或对水质有疑问时，应对水质进行检验。用于拌制和养护混凝土的水，应不含影响混凝土正常凝结和硬化的有害杂质、油质和糖类等。混凝土拌合物用水试验检测项目有 pH 值、不溶物、可溶物、氯化物、硫酸盐、硫化物碱含量，具体见表 3-7。

表 3-7　混凝土拌合物用水水质要求

项目	预应力混凝土	钢筋混凝土	素混凝土
pH 值	≥5.0	≥4.5	≥4.5
不溶物/(mg·L^{-1})	≤2 000	≤2 000	≤5 000
可溶物/(mg·L^{-1})	≤2 000	≤5 000	≤10 000
Cl^-/(mg·L^{-1})	≤500	≤1 000	≤3 500
SO_4^{2-}/(mg·L^{-1})	≤600	≤2 000	≤2 700
碱含量/(rag·L^{-1})	≤1 500	≤1 500	≤1 500

注：1. 对于设计使用年限为 100 年的结构混凝土，氯离子的含量不得超过 500 mg/L；对使用钢丝或经热处理钢筋的预应力混凝土，氯离子含量不得超过 350 mg/L。
2. 采用非碱活性集料时，可不检验碱含量。

5. 矿物掺合料

矿物掺合料在混凝土中的作用是改善混凝土拌合物的施工和易性、降低混凝土水化热、调节凝结时间等。混凝土用掺合料有粉煤灰、粒化高炉矿渣粉、钢渣粉、磷渣粉、硅灰及复合掺合料等。其中，硅灰是指从冶炼硅铁合金或硅钢等排放的硅蒸汽养护后搜集到的极细粉末颗粒。混凝土用粉煤灰的质量应满足《用于水泥和混凝土中的粉煤灰》(GB/T 1596—2017)的要求。

6. 外加剂

混凝土外加剂品种繁多，通常每种外加剂具有一种或多种功能，按照主要功能分类见表 3-8。

表 3-8　外加剂分类

外加剂功能	外加剂类型
改善混凝土拌合物流变性能	减水剂、引气剂、泵送剂、保水剂等
调节混凝土凝结时间、硬化速度	缓凝剂、早强剂、速凝剂等
调节混凝土中含气量	引气剂、加气剂、泡沫剂、消泡剂等
改善混凝土耐久性	引气剂、阻锈剂、防水剂、抗渗剂等
为混凝土提供特殊性能	膨胀剂、防冻剂、着色剂、碱集料反应抑制剂等

五、路面普通水泥混凝土原材料技术要求

路面普通水泥混凝土由水泥、粉煤灰、粗集料与再生粗集料、细集料、外加剂与水组成。

1. 水泥

水泥是路面混凝土的重要组成材料，其直接影响混凝土的强度、早期干缩和温度徐变及抗磨性。路面混凝土用水泥应具有抗弯拉强度高、收缩小、抗磨和耐久性好及弹性模量低等技术品质。极重、特重、重交通等级的水泥混凝土路面，应优先采用旋窑道路硅酸盐水泥，也可使用旋窑硅酸盐水泥或普通硅酸盐水泥。中等及轻交通的路面，可采用矿渣硅酸盐水泥。冬期施工、有快凝要求的路段可采用R型早强水泥，一般情况可采用普通型水泥。水泥的物理性能及化学成分应符合现行的国家标准《道路硅酸盐水泥》(GB/T 13693—2017)或《通用硅酸盐水泥》(GB 175—2007)的规定。

2. 粉煤灰

在路面混凝土中，使用道路硅酸盐水泥或硅酸盐水泥时，可以掺用技术指标符合现行的国家标准《用于水泥和混凝土中的粉煤灰》(GB/T 1596—2017)规定的电收尘Ⅰ、Ⅱ级干排或磨细低钙粉煤灰。Ⅲ级粉煤灰需经过试验论证后，才可以用于路面混凝土，不得使用高钙粉煤灰或Ⅲ级及Ⅲ级以下低钙粉煤灰；使用其他水泥时，不应掺入粉煤灰。

3. 粗集料与再生粗集料

为获得密实、高强、耐久性好、耐磨耗的混凝土路面，粗集料必须具有一定的强度，耐磨耗，有足够的坚固性和良好的级配。

(1)质量要求。粗集料应使用质地坚硬、耐久、洁净的碎石、碎卵石或卵石。极重、特重、重交通荷载等级公路面层水泥混凝土用粗集料质量不应低于Ⅱ级。中、轻交通荷载等级公路面层水泥混凝土用粗集料可使用Ⅲ级。

中、轻交通荷载等级公路面层水泥混凝土可使用再生粗集料。再生粗集料是指利用旧结构混凝土经机械破碎筛分制得的粗集料，可单独或掺配新集料后使用，有抗冻性、抗盐冻要求时，再生粗集料不应低于Ⅱ级；无抗冰冻、抗盐冻要求时，可使用Ⅲ级再生粗集料。再生粗集料不得用于裸露粗集料的水泥混凝土抗滑表层，不得使用出现碱活性反应的混凝土为原料破碎生产的再生粗集料。

(2)公称最大粒径与级配。为了提高路面混凝土弯拉强度，防止混凝土拌合物离析，减少对摊铺机的机械磨损，提高混凝土的抗冻性及耐磨性，各种面层水泥混凝土配合比的不同种类粗集料与再生粗集料公称最大粒径宜符合表3-9的规定。

表3-9 各种面层水泥混凝土配合比不同种类粗集料与再生粗集料公称最大粒径 mm

交通荷载等级		极重、特重、重		中、轻	
面层类型		水泥混凝土	纤维混凝土、配筋混凝土	水泥混凝土	碾压混凝土、砌块混凝土
公称最大粒径	碎石	26.5	16.0	31.5	19.0
	破碎卵石	19.0	16.0	26.5	19.0
	卵石	16.0	9.5	19.0	16.0
	再生粗集料	—	—	26.5	19.0

粗集料与再生粗集料应根据混凝土配合比的公称最大粒径分为2～4个单粒级的集料，

并掺配使用。粗集料与再生粗集料的合成级配及单粒级级配范围宜符合表 3-10 的要求。

表 3-10　粗集料与再生粗集料的级配范围

方孔筛尺寸/mm		2.36	4.75	9.50	16.0	19.0	26.5	31.5	37.5
级配类型		累计筛余(以质量计)/%							
合成级配	4.75～16.0	95～100	85～100	40～60	0～10	—	—	—	—
	4.75～19.0	95～100	85～95	60～75	30～45	0～5	0	—	—
	4.75～26.5	95～100	90～100	70～90	50～70	25～40	0～5	0	—
	4.75～31.5	95～100	90～100	75～90	60～75	40～60	20～35	0～5	0
单粒级级配	4.75～9.5	95～100	80～100	0～15	0	—	—	—	—
	9.5～16.0	—	95～100	80～100	0～15	0	—	—	—
	9.5～19.0	—	95～100	85～100	40～60	0～15	0	—	—
	16.0～26.5	—	—	95～100	55～70	25～40	0～10	0	—
	16.0～31.5	—	—	95～100	85～100	55～70	25～40	0～100	0

4. 细集料

(1)质量要求。细集料应采用质地坚硬、耐久、洁净的天然砂或机制砂，不宜使用再生细集料。极重、特重、重交通荷载等级公路面层水泥混凝土用天然砂的质量不应低于Ⅱ级；中、轻交通荷载等级公路面层水泥混凝土可用Ⅲ级天然砂。

机制砂宜采用碎石作为原料，用专用设备生产。极重、特重、重交通荷载等级公路面层水泥混凝土用机制砂的质量不应低于Ⅱ级；中、轻交通荷载等级公路面层水泥混凝土可用Ⅲ级机制砂。

(2)级配和细度。天然砂的级配范围应符合表 3-11 的规定，面层水泥混凝土使用的天然砂细度模数宜为 2.0～3.7。

表 3-11　天然砂的级配范围

砂分级	细度模数	方孔筛尺寸/mm							
		9.5	4.75	2.36	1.18	0.6	0.3	0.15	0.075
		通过各筛孔的质量百分率/%							
粗砂	3.1～3.7	100	90～100	65～95	35～65	15～30	5～20	0～10	0～5
中砂	2.3～3.0	100	90～100	75～100	50～90	30～60	8～30	0～10	0～5
细砂	1.6～2.2	100	90～100	85～100	75～100	60～84	15～45	0～10	0～5

机制砂的级配范围应符合表 3-12 的规定，面层水泥混凝土使用的机制砂细度模数宜为 2.3～3.1。

表 3-12　机制砂的级配范围

机制砂分级	细度模数	方孔筛尺寸/mm						
		9.5	4.75	2.36	1.18	0.6	0.3	0.15
		水洗法通过各筛孔的质量百分率/%						
Ⅰ级砂	2.3～3.1	100	90～100	80～95	50～85	30～60	10～20	0～10
Ⅱ、Ⅲ级砂	2.8～3.9	100	90～100	50～95	30～65	15～29	5～20	0～10

5. 外加剂

在路面混凝土中，不管选用何种外加剂，都应根据设计要求和现场具备的材料品质及施工条件具体选用，选用适当的外加剂品种及合适的掺量。外加剂的产品质量至少应达到一等品的要求，一般不允许使用合格品。

6. 水

饮用水可以直接作为混凝土搅拌和养护用水，非饮用水应进行水质检验，还应与蒸馏水进行水泥凝结时间与水泥胶砂强度的对比试验。对比试验的水泥初凝与终凝时间差均不应大于 30 min，水泥胶砂 3 d 和 28 d 强度不应低于蒸馏水配制的水泥胶砂 3 d 和 28 d 强度的 90%。

六、水泥混凝土配合比设计试验前准备取样

1. 集料取样

集料按照四分法取样，如图 3-2 所示。将符合要求的集料平铺成圆形或矩形，分成四等分，取相对的两份混合，然后平分，直到达到所需的要求。

第一步

第二步

第三步

图 3-2　四分法取样

2. 水样取样

(1)装水样用的玻璃瓶，连同瓶盖，应先以铬酸洗液或肥皂水洗去油污或尘垢，再用清水洗净，最后用蒸馏水洗两遍。装水样前，应用所采水样冲洗 2～3 次。禁止使用装过油或其他物质而未经彻底清洗的瓶子和塞子。

(2)采取水样时，应使水样缓缓流入瓶中，不得产生潺潺声音，不能让草根、砂、土等杂物进入瓶中。

(3)为了保证水样的代表性，当进行地面水采样时，应注意尽可能在背阴地方，宜从中

心水面10 cm以下处取样。在湖泊、河流、大面积池塘中采取水样时，应根据分析目的，在不同地点和深度内取样。在钻孔中取水样时，钻孔内不要用水冲洗，停钻并待水位稳定后再取水样。

从已用水冲洗过的钻孔内取样时，必须先抽水15 min，待水的化学成分稳定后，方可采取水样。

(4)水样装瓶时应留10～20 mL空间，以免因温度变化而胀开瓶塞。

(5)瓶塞盖好，检查无漏水现象后，方可用石蜡或火漆封口。如要长途运送，应用纱布缠紧后再以石蜡封住。

(6)测定侵蚀性二氧化碳，应另取一份水样，瓶大小为250～300 mL，必须要装满后溢出，并在水样中加入化学纯碳酸钙试剂2～3 g，以固定二氧化碳。送交试验室前，每天充分摇动数次。

(7)在水样瓶上贴好标签，注明水样编号，按需要测定的项目填写水质分析委托书，尽快送交试验。

3. 水泥取样

(1)散装水泥。对同一水泥厂生产的同期出厂的同品种、同强度等级的水泥，以一次运进的同一出厂编号的水泥为一批，但一批的总量不超过500 t。随机地从不少于3个车罐中各取等量水泥，经拌和均匀后，再从中称量不少于12 kg水泥作为检验试样。

(2)袋装水泥。对同一水泥厂生产的同期出厂的同品种、同强度等级的水泥，以一次运进的同一出厂编号的水泥为一批，但一批的总量不超过200 t。随机地从不少于20袋中各取等量水泥，经拌和均匀后，再从中称量不少于12 kg水泥作为检验试样。

(3)对来源固定、质量稳定，且又掌握其性能的水泥，视运进水泥的情况，可定期地采集试样进行强度检验。如有异常情况，应做相应项目的检验。

(4)对已运进的每批水泥，视存放情况应重新采集试样复验其强度和安定性。对存放期超过3个月的水泥，使用前必须复检，并按照结果使用。

(5)试样取得后，应立即充分拌匀，过0.9 mm的方孔筛，并记录筛余百分率。若需要保存样品，应将试样均分为试验样和保存样。

(6)保存样品取得后，应存放在密封的金属容器中，加封条。容器应洁净、干燥、防潮、密封，不易破损、不与水泥发生反应。存放样品的容器外部，至少有一处加盖清晰且不易擦掉的标有编号、取样时间、地点、人员的密封印。存有试样的容器应储存于干燥、通风的环境中。

七、思考与检测

检测报告见表3-13。

表 3-13　检测报告

日期：　　　　　　班级：　　　　　　组别：　　　　　　姓名：　　　　　　学号：

<table>
<tr><td>检测模块/任务</td><td colspan="2"></td></tr>
<tr><td>检测目的</td><td colspan="2"></td></tr>
<tr><td colspan="3">检测内容：
1. 水泥混凝土配合比设计的含义是什么？
2. 水泥混凝土配合比设计的表示方法有几种？具体怎么表示？
3. 水泥混凝土配合比设计的基本要求是什么？
4. 水泥混凝土配合比设计中四组分与三参数之间有什么联系？
5. 水泥混凝土配合比设计对原材料有什么要求？
6. 水泥混凝土配合比设计试验前对取样有什么要求？</td></tr>
<tr><td colspan="3">答题区：（位置不够，可另行加页）</td></tr>
<tr><td colspan="3">纠错与提升：（位置不够，可另行加页）</td></tr>
<tr><td colspan="3">检测总结：（位置不够，可另行加页）</td></tr>
<tr><td rowspan="4">考核评定</td><td>考核方式</td><td>总评成绩</td></tr>
<tr><td>自评：</td><td rowspan="3"></td></tr>
<tr><td>互评：</td></tr>
<tr><td>教师评：</td></tr>
</table>

模块二　普通水泥混凝土配合比设计
(以抗压强度为指标的计算方法)

一、工作任务

对预应力钢筋混凝土箱梁用混凝土进行配合比设计。

【原始资料】

混凝土设计强度等级为C50，要求拌合物坍落度为90～110 mm，环境等级为一级。

组成材料：

水泥：普通硅酸盐52.5级水泥，密度为3 000 kg/m^3，实测强度为56.8 MPa。

外加剂：TL-F萘系高效减水剂，经混凝土试验确定其减水率为13%；经试验外加剂掺量为1.2%。

砂：中砂，级配合格，砂表观密度为2 650 kg/m^3，施工现场含水率为3%。

石材：所用石材为碎石，最大公称粒径为40 mm，表观密度为2 720 kg/m^3，施工现场含水率为1%。

【设计要求】

(1)初步配合比设计。

(2)基准配合比设计。

(3)试验室配合比设计。

(4)施工配合比设计。

为了完成以上工作任务，根据实际工作过程，将工作任务解构为按一定逻辑关系组合的多个子任务，按任务实际工作过程重构序化为学习工作过程进行学习。

二、普通水泥混凝土配合比设计流程

水泥混凝土配合比设计流程如图3-3所示。

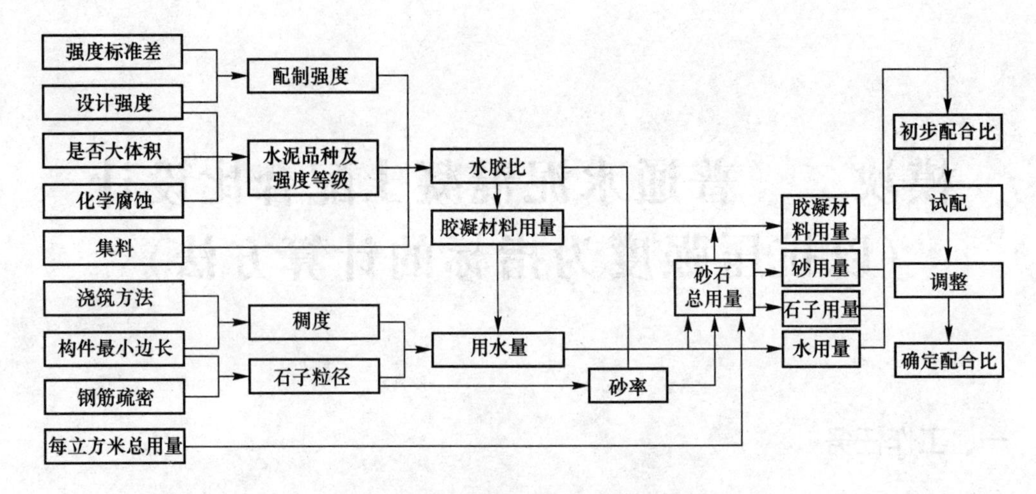

图 3-3　水泥混凝土配合比设计流程

三、普通水泥混凝土配合比设计步骤

1. 计算“初步配合比”

根据原始资料，按我国现行的配合比设计方法，计算初步配合比。可表示：水泥∶矿物掺合料∶水∶细集料∶粗集料$=m_{c0}:m_{f0}:m_{w0}:m_{s0}:m_{g0}$。

2. 提出“基准配合比”

根据初步配合比，采用施工实际材料，进行试拌，测定混凝土拌合物的工作性(坍落度或维勃稠度)，调整材料用量，提出一个满足工作性要求的“基准配合比”。可表示：水泥∶矿物掺合料∶水∶细集料∶粗集料$=m_{ca}:m_{fa}:m_{wa}:m_{sa}:m_{ga}$。

3. 确定“试验室配合比”

以基准配合比为基础，增加和减少水胶比，拟订几组(通常为3组)适合工作性要求的配合比，通过制备试块、测定强度，确定既符合强度和工作性要求，又较经济的试验室配合比。可表示：水泥∶矿物掺合料∶水∶细集料∶粗集料$=m_{cb}:m_{fb}:m_{wb}:m_{sb}:m_{gb}$。

4. 换算“施工配合比”

根据工地现场材料的实际含水率，将试验室配合比换算为施工配合比。可表示：水泥∶矿物掺合料∶水∶细集料∶粗集料$=m_c:m_f:m_w:m_s:m_g$。

任务一　初步配合比计算

子任务一　初步配合比计算步骤

一、确定混凝土的配制强度($f_{cu,0}$)

(1)当混凝土的设计强度等级小于C60时，配制强度应按式(3-1)计算：

$$f_{cu,0} \geqslant f_{cu,k} + 1.645\sigma \tag{3-1}$$

式中　$f_{cu,0}$——混凝土配制强度(MPa)；

$f_{cu,k}$——混凝土立方体抗压强度标准值(MPa)；

σ——混凝土强度标准差(MPa)。

(2)当混凝土的设计强度等级不小于C60时，配制强度应按式(3-2)确定：

$$f_{cu,0} \geqslant 1.15\, f_{cu,k} \tag{3-2}$$

(3)混凝土标准差应按照下列规定确定：

1)当具有近1～3个月的同一品种、同一强度等级混凝土的强度资料时，且试件组数不小于30时，其混凝土强度标准差σ应按式(3-3)计算：

$$\sigma = \sqrt{\frac{\sum_{i=1}^{n} f_{cu,i}^2 - nm_{f_{cu}}^2}{n-1}} \tag{3-3}$$

式中　$f_{cu,i}$——第i组混凝土试件立方体抗压强度值(MPa)；

$m_{f_{cu}}$——n组混凝土试件立方体抗压强度平均值(MPa)；

n——统计周期内相同等级的试件组数，$n \geqslant 30$组。

对于强度等级不大于C30的混凝土，当混凝土强度标准差计算值不小于3.0 MPa时，应按式(3-3)的计算结果取值；当混凝土强度标准差计算值小于3.0 MPa时，应取3.0 MPa。

对于强度等级大于C30且小于C60的混凝土，当混凝土强度标准差计算值不小于4.0 MPa时，应按式(3-3)的计算结果取值；当混凝土强度标准差计算值小于4.0 MPa时，应取4.0 MPa。

2)当没有近期的同一品种、同一强度等级混凝土强度资料时，其强度标准差σ可按表3-14取值。

表3-14　混凝土强度标准差σ值　　MPa

混凝土强度标准值	≤C20	C25～C45	C50～C55
σ	4.0	5.0	6.0

二、计算水胶比(W/B)

(1)当混凝土强度等级小于C60时，混凝土水胶比宜按式(3-4)计算：

$$\frac{W}{B} = \frac{\alpha_a \cdot f_b}{f_{cu,0} + \alpha_a \cdot \alpha_b \cdot f_b} \tag{3-4}$$

式中　W/B——混凝土水胶比；

α_a、α_b——混凝土强度回归系数；根据工程所使用的材料，通过试验建立的水胶比与混凝土强度关系式来确定；若无上述试验统计资料，可按表3-15选用；

f_b——胶凝材料28 d胶砂抗压强度(MPa)，可实测，且试验方法应按照现行国家标准《水泥胶砂强度检验方法(ISO法)》(GB/T 17671—1999)执行；无实测值时，可按式(3-5)计算：

$$f_b = \gamma_f \gamma_s f_{ce} \tag{3-5}$$

式中　γ_f、γ_s——粉煤灰影响系数和粒化高炉矿渣粉影响系数，可按表3-16选用；

f_{ce}——水泥28 d胶砂抗压强度(MPa)，可实测；无实测值时，也可按式(3-6)计算：

$$f_{ce} = \gamma_c . f_{ce,g} \tag{3-6}$$

式中　γ_c——水泥强度等级值的富余系数，可按实际统计资料确定；当缺乏实际统计资料时，可按表3-17选用；

$f_{ce,g}$—水泥强度等级值(MPa)。

表3-15　回归系数 α_a、α_b 取值

系数 粗集料品种	碎石	卵石
α_a	0.53	0.49
α_b	0.20	0.13

表3-16　粉煤灰影响系数和粒化高炉矿渣粉影响系数

掺量/% 种类	粉煤灰影响系数 γ_f	粒化高炉矿渣粉影响系数 γ_s
0	1.00	1.00
10	0.90～0.95	1.00
20	0.80～0.85	0.95～1.00
30	0.70～0.75	0.90～1.00
40	0.60～0.65	0.80～0.90
50	—	0.70～0.85

注：1. 采用Ⅰ级、Ⅱ级粉煤灰宜取上限值。

2. 采用S75级粒化高炉矿渣粉宜取下限值，采用S95级粒化高炉矿渣粉宜取上限值，采用S105级粒化高炉矿渣粉可取上限值加0.05。

3. 当超出表中的掺量时，粉煤灰和粒化高炉矿渣粉影响系数应经试验确定。

表3-17　水泥强度等级值的富余系数 γ_c

水泥强度等级值	32.5	42.5	52.5
富余系数	1.12	1.16	1.10

(2)按耐久性校核水胶比。按式(3-4)计算所得的水胶比，还应根据混凝土所处的环境类别(见表3-18)、耐久性要求的允许最大水胶比(见表3-19)进行校核。如计算的水胶比大于耐久性允许的最大水胶比，应采用允许的最大水胶比。

表 3-18　混凝土结构的环境类别

环境类别	条件
一	室内干燥环境； 无侵蚀性静水浸没环境
二 a	室内潮湿环境； 非严寒和非寒冷地区的露天环境； 非严寒和非寒冷地区与无侵蚀性的水或土直接接触的环境； 严寒和寒冷地区的冰冻线以下与无侵蚀性的水或土直接接触的环境
二 b	干湿交替环境； 水位频繁变动环境； 严寒和寒冷地区的露天环境； 严寒和寒冷地区的冰冻线以上与无侵蚀性的水或土直接接触的环境
三 a	严寒和寒冷地区冬季水位变动区环境； 受除冰盐作用环境； 海风环境
三 b	盐渍土环境； 受除冰盐影响环境； 海岸环境
四	海水环境
五	受人为或自然的侵蚀性物质影响的环境

表 3-19　结构混凝土材料的耐久性基本要求

环境等级	最大水胶比	最低强度等级	最大氯离子含量/%	最大碱含量/(kg·m^{-3})
一	0.60	C20	0.30	不限制
二 a	0.55	C25	0.20	3.0
二 b	0.50(0.55)	C30(C25)	0.15	
三 a	0.45(0.50)	C35(C30)	0.15	
三 b	0.40	C40	0.10	

注：1. 处于严寒和寒冷地区二 b、三 a 类环境中混凝土应使用引气剂，并可采用括号中的有关参数。
2. 当使用非碱活性集料时，对混凝土中的碱含量可不做限制。

三、确定单位用水量(m_{w0})和外加剂用量(m_{a0})

1. 干硬性和塑性混凝土用水量(m_{w0})的确定

根据粗集料的品种、粒径及施工要求的混凝土拌合物稠度，每立方米干硬性或塑性混凝土的用水量(m_{w0})应符合下列规定：

(1)混凝土水胶比在 0.40～0.80 范围时，可按表 3-20 和表 3-21 选取。

表 3-20　干硬性混凝土的用水量　kg/m³

拌合物稠度		卵石最大公称粒径/mm			碎石最大公称粒径/mm		
项目	指标	10.0	20.0	40.0	16.0	20.0	40.0
维勃稠度/s	16～20	175	160	145	180	170	155
	11～15	180	165	150	185	175	160
	5～10	185	170	155	190	180	165

表 3-21　塑性混凝土的用水量　kg/m³

拌合物稠度		卵石最大公称粒径/mm				碎石最大公称粒径/mm			
项目	指标	10.0	20.0	31.5	40.0	16	20.0	31.5	40.0
坍落度/mm	10～30	190	170	160	150	200	185	175	165
	35～50	200	180	170	160	210	195	185	175
	55～70	210	190	180	170	220	205	195	185
	75～90	215	195	185	175	230	215	205	195

注：1. 本表用水量采用中砂时的取值；采用细砂时，每立方米混凝土用水量可增加 5～10 kg；采用粗砂时，则可减少 5～10 kg。

2. 掺用矿物掺合料和外加剂时，用水量应相应调整。

(2)混凝土水胶比小于 0.40 时，可通过试验确定。

2. 掺外加剂时，流动性和大流动性混凝土用水量(m_{w0})

每立方米流动性和大流动性混凝土用水量(m_{w0})可按式(3-7)计算：

$$m_{w0}=m'_{w0}(1-\beta) \tag{3-7}$$

式中　m_{w0}——计算配合比每立方米混凝土的用水量(kg/m³)；

m'_{w0}——未掺外加剂时，推定的满足实际坍落度要求的每立方米混凝土用水量(kg/m³)，以表 3-21 中 90 mm 坍落度的用水量为基础，按每增大 20 mm 坍落度相应增加 5 kg/m³用水量来计算，当坍落度增大到 180 mm 以上时，随坍落度相应增加的用水量可减少；

β——外加剂的减水率(%)，应经混凝土试验确定。

3. 确定混凝土中外加剂用量(m_{a0})

每立方米混凝土中外加剂用量(m_{a0})按式(3-8)计算：

$$m_{a0}=m_{b0}\beta_a \tag{3-8}$$

式中　m_{a0}——计算配合比每立方米混凝土中外加剂用量(kg/m³)；

m_{b0}——计算配合比每立方米混凝土中胶凝材料用量(kg/m³)；

β_a——外加剂掺量(%)，应经混凝土试验确定。

四、计算胶凝材料用量(m_{b0})、矿物掺合料用量(m_{f0})和水泥用量(m_{c0})

(1)每立方米混凝土的胶凝材料用量(m_{b0})按式(3-9)计算：

$$m_{b0}=\frac{m_{w0}}{W/B} \tag{3-9}$$

式中　m_{b0}——计算配合比每立方米混凝土中胶凝材料用量(kg/m³)；

m_{w0}——计算配合比每立方米混凝土的用水量(kg/m³)；

W/B——混凝土水胶比。

按耐久性要求校核单位胶凝材料用量。根据耐久性要求，混凝土的最小胶凝材料用量，依据混凝土结构的环境类别，结构混凝土材料的耐久性基本要求确定。按强度要求由式(3-9)计算得到的单位胶凝材料用量，应不低于表3-22规定的最小胶凝材料用量。

表3-22　混凝土的最小胶凝材料用量

最大水胶比	最小胶凝材料用量/(kg·m⁻³)		
	素混凝土	钢筋混凝土	预应力混凝土
0.60	250	280	300
0.55	280	300	300
0.50	320		
≤0.45	330		

(2)每立方米混凝土的矿物掺合料用量(m_{f0})按式(3-10)计算：

$$m_{f0}=m_{b0}\beta_f \tag{3-10}$$

式中　m_{f0}——计算配合比每立方米混凝土中掺合料用量(kg/m³)；

β_f——矿物掺合料掺量(%)，可结合矿物掺合料和水胶比的规定确定。

(3)每立方米混凝土的水泥用量(m_{c0})按式(3-11)计算：

$$m_{c0}=m_{b0}-m_{f0} \tag{3-11}$$

式中　m_{c0}——计算配合比每立方米混凝土中水泥用量(kg/m³)。

五、选定砂率(β_s)

当缺乏砂率的历史资料时，混凝土砂率的确定应符合下列规定：

(1)坍落度小于10 mm的混凝土，其砂率应经试验确定。

(2)坍落度为10～60 mm的混凝土，其砂率可根据粗集料品种、最大公称粒径和混凝土拌合物的水胶比，按表3-23确定。

表3-23　混凝土的砂率　　%

水胶比(W/B)	卵石最大公称粒径/mm			碎石最大公称粒径/mm		
	10.0	20.0	40.0	16.0	20.0	40.0
0.40	26～32	25～31	24～30	30～35	29～34	27～32
0.50	30～35	29～34	28～33	33～38	32～37	30～35
0.60	33～38	32～37	31～36	36～41	35～40	33～38
0.70	36～41	35～40	34～39	39～44	38～43	36～41

续表

水胶比 (W/B)	卵石最大公称粒径/mm			碎石最大公称粒径/mm		
	10.0	20.0	40.0	16.0	20.0	40.0
注：1. 本表数值是中砂的选用砂率，对细砂或粗砂，可相应地减小或增大砂率。 2. 采用人工砂配制混凝土时，砂率可适当增大。 3. 只用一个单粒级粗集料配制混凝土时，砂率应适当增大。 4. 坍落度大于 60 mm 的混凝土，其砂率可按经验确定，也可在表 3-23 基础上，按坍落度每增大 20 mm、砂率增大 1%的幅度予以调整						

六、计算粗、细集料用量(m_{g0}、m_{s0})

粗、细集料的单位用量，可用质量法或体积法求得。

(1)质量法。计算混凝土配合比时，粗、细集料用量可按式(3-12)计算：

$$\begin{cases} m_{f0}+m_{c0}+m_{g0}+m_{s0}+m_{w0}=m_{cp} \\ \beta_s=\dfrac{m_{s0}}{m_{g0}+m_{s0}}\times 100\% \end{cases} \tag{3-12}$$

式中 m_{g0}——计算配合比每立方米混凝土的粗集料用量(kg/m^3)；

m_{s0}——计算配合比每立方米混凝土的细集料用量(kg/m^3)；

β_s——砂率(%)；

m_{cp}——每立方米混凝土拌合物的假定质量(kg)，可取 2 350～2 450 kg/m^3。

(2)体积法。计算混凝土配合比时，粗、细集料用量可按式(3-13)计算：

$$\begin{cases} \dfrac{m_{c0}}{\rho_c}+\dfrac{m_{f0}}{\rho_f}+\dfrac{m_{g0}}{\rho_g}+\dfrac{m_{s0}}{\rho_s}+\dfrac{m_{w0}}{\rho_w}+0.01\alpha=1 \\ \beta_s=\dfrac{m_{s0}}{m_{g0}+m_{s0}}\times 100\% \end{cases} \tag{3-13}$$

式中 ρ_c——水泥密度(kg/m^3)，可取 2 900～3 100 kg/m^3；

ρ_f——矿物掺合料密度(kg/m^3)；

ρ_g——粗集料的表观密度(kg/m^3)；

ρ_s——细集料的表观密度(kg/m^3)；

ρ_w——水的密度(kg/m^3)，可取 1 000 kg/m^3；

α——混凝土的含气量百分率(%)，在不使用引气剂或引气型外加剂时，α 可取 1。

粗集料和细集料的表观密度 ρ_g、ρ_s 应按行业标准《公路工程集料试验规程》(JTG E 42—2005)测定(详见子任务二和子任务三)。

七、小结

通过以上六个步骤，水泥混凝土初步配合比设计就计算出来了，即水泥：矿物掺合料：水：细集料：粗集料$=m_{c0}:m_{f0}:m_{w0}:m_{s0}:m_{g0}$；或水泥：矿物掺合料：细集料：粗集料，水胶比$=m_{c0}:m_{f0}:m_{s0}:m_{g0}$，$\frac{W}{B}$。

以上两种确定粗、细集料单位用量的方法，一般认为，质量法比较简便，不需要各种组成材料的密度资料，也可得到符合施工要求的结果。体积法是根据各组成材料实测的密度来进行计算的，对技术条件要求略高，能获得较为精确的结果。

八、思考与检测

完成项目三模块二的工作任务里面的第一个目标：初步配合比设计。检测报告见表 3-24。

表 3-24　检测报告

日期：　　　　　班级：　　　　　组别：　　　　　姓名：　　　　　学号：

<table>
<tr><td>检测模块/任务</td><td colspan="2"></td></tr>
<tr><td>检测目的</td><td colspan="2"></td></tr>
<tr><td colspan="3">检测内容：
任务：请对预应力钢筋混凝土箱梁用混凝土进行配合比设计。
原始资料：混凝土设计强度等级为 C50，要求拌合物坍落度为 90～110 mm，环境等级为一级。
组成材料：
水泥：普通硅酸盐 52.5 级水泥，密度为 3 000 kg/m³，实测强度为 56.8 MPa。
外加剂：TL-F 萘系高效减水剂，经混凝土试验确定其减水率为 13%；经试验外加剂掺量为 1.2%。
砂：中砂，级配合格，砂表观密度为 2 650 kg/m³，施工现场含水率为 3%。
石材：所用石材为碎石，最大公称粒径为 40 mm，表观密度为 2 720 kg/m³，施工现场含水率为 1%。
设计要求：
1. 初步配合比设计。
2. 基准配合比设计。（后续相应子任务中完成）
3. 试验室配合比设计。（后续相应子任务中完成）
4. 施工配合比设计。（后续相应子任务中完成）</td></tr>
<tr><td colspan="3">答题区：（位置不够，可另行加页）</td></tr>
<tr><td colspan="3">纠错与提升：（位置不够，可另行加页）</td></tr>
<tr><td colspan="3">检测总结：（位置不够，可另行加页）</td></tr>
<tr><td rowspan="4">考核评定</td><td>考核方式</td><td>总评成绩</td></tr>
<tr><td>自评：</td><td rowspan="3"></td></tr>
<tr><td>互评：</td></tr>
<tr><td>教师评：</td></tr>
</table>

子任务二　粗集料表观密度试验(网篮法)(T 0304—2005)(JTG E 42—2005)

一、目的与适用范围

本方法适用测定各种粗集料的表观相对密度、表观密度。为计算水泥混凝土配合比设计提供必要的数据。

二、仪器设备

(1)天平或浸水天平：可悬挂吊篮测定集料的水中质量，称量应满足试样数量称量要求，感量不大于最大称量的0.05%。

(2)吊篮：耐锈蚀材料制成，直径和高度为150 mm，四周及底部用1～2 mm的筛网编制或具有密集的孔眼。

(3)溢流水槽：在称量水中质量时能保持水面高度一定。

(4)烘箱：能控温在105 ℃±5 ℃。

(5)毛巾：纯棉制，洁净，也可用纯棉的汗衫布代替。

(6)温度计。

(7)标准筛：4.75 mm、2.36 mm。

(8)盛水容器(如搪瓷盘)。

(9)其他：刷子等。

三、试验准备

(1)将试样用标准筛过筛除去其中的细集料，对较粗的粗集料可用4.75 mm筛过筛，对2.36～4.75 mm集料，或混在4.75 mm以下石屑中的粗集料，则用2.36 mm标准筛过筛，用四分法或分料器法缩分至要求的质量，分两份备用。

(2)经缩分后供测定密度和吸水率的粗集料质量应符合表3-25的规定。

表3-25　测定密度所需要的试样最小质量

公称最大粒径/mm	4.75	9.5	16	19	26.5	31.5	37.5	63	75
每一份试样的最小质量/kg	0.8	1	1	1	1.5	1.5	2	3	3

(3)将每一份集料试样浸泡在水中，并适当搅动，仔细洗去附在集料表面的尘土和石粉，经多次漂洗干净至水完全清澈。清洗过程中不得散失集料颗粒。

四、试验步骤

(1)取试样一份装入干净的搪瓷盘中，注入洁净的水，水面至少应高出试样20 mm，轻轻搅动石料，使附着在石料上的气泡完全逸出。在室温下保持浸水24 h.

(2)将吊篮挂在天平的吊钩上，浸入溢流水槽中注水，水面高度至水槽的溢流孔，将天平调零。吊篮的筛网应保证集料不会通过筛孔流失，对 2.36～4.75 mm 粗集料应更换小孔筛网，或在网篮中加放一个浅盘。

(3)调节水温在 15 ℃～25 ℃范围内。将试样移入吊篮。溢流水槽中的水面高度由水槽的溢流孔控制，维持不变，称取集料的水中质量(m_w)。

(4)提起吊篮，稍稍滴水后，较粗的粗集料可以直接倒在拧干的湿毛巾上。将较细的粗集料(2.36～4.75 mm)连同浅盘一起取出，稍稍倾斜搪瓷盘，仔细倒出余水，将粗集料倒在拧干的湿毛巾上，用毛巾吸走从集料中漏出的自由水。此步骤需特别注意不得有颗粒丢失，或有小颗粒附着在吊篮上。

(5)将集料置于浅盘中，放在 105 ℃±5 ℃的烘箱中烘干至恒重。取出浅盘，放在带盖的容器中冷却至室温，称取集料的烘干质量(m_a)。

(6)对同一规格的集料应平行试验两次，取平均值作为试验结果。

五、计算

(1)表观相对密度 γ_a 按式(3-14)计算至小数点后 3 位。

$$\gamma_a=\frac{m_a}{m_a-m_w} \tag{3-14}$$

式中 γ_a——集料的表观相对密度，无量纲；

m_a——集料的烘干质量(g)；

m_w——集料的水中质量(g)。

(2)粗集料的表观密度(视密度)ρ_a，按式(3-15)计算，准确至小数点后 3 位。不同水温条件下测量的粗集料表观密度需进行水温修正，不同试验温度下水的密度 ρ_T 及水的温度修正系数 α_T 按表 3-26 选用。

$$\rho_a=\gamma_a\times\rho_T \text{ 或 } \rho_a=(\gamma_a-\alpha_T)\times\rho_w \tag{3-15}$$

式中 ρ_a——粗集料的表观密度(g/cm^3)；

ρ_T——试验温度 T 时水的密度(g/cm^3)；

α_T——试验温度 T 时的水温修正系数；

ρ_w——水在 4℃时的密度(1 000 g/cm^3)。

表 3-26 不同水温时水的密度 ρ_T 及水温修正系数 α_T

水温/℃	15	16	17	18	19	20
水的密度 ρ_T/(g·cm^{-3})	0.999 13	0.998 97	0.998 80	0.998 62	0.998 43	0.998 22
水温修正系数 α_T	0.002	0.003	0.003	0.004	0.004	0.005
水温/℃	21	22	23	24	25	—
水的密度 ρ_T/(g·cm^{-3})	0.997 79	0.998 97	0.997 56	0.997 33	0.997 02	—
水温修正系数 α_T	0.006	0.003	0.006	0.007	0.007	—

六、精密度或允许差

重复试验的精密度，两次结果相差不得超过 0.02。

七、实训报告

实训报告见表 3-27。

表 3-27　实训报告

日期：　　　　　　　　班级：　　　　　　　　组别：　　　　　　　　姓名：　　　　　　　　学号：

实训模块/项目					成绩	
实训目的						
主要仪器						
试验次数	粗集料烘干质量 m_a/g	粗集料水中质量 m_w/g	水的密度 ρ_T/(g·cm^{-3})	水温修正系数 α_T	表观相对密度 $r_a=\frac{m_a}{m_a-m_w}$	表观密度 $\rho_a=\gamma_a\times\rho_T$ 或 $\rho_a=(\gamma_a-\alpha_T)\times\rho_w$/(g·cm^{-3})
1						
2						
纠错与提升：（位置不够，可另行加页）						
实训总结：（位置不够，可另行加页）						
考核评定	考核方式			总评成绩		
	自评：					
	互评：					
	教师评：					

子任务三　细集料表观密度试验(容量瓶法)(T 0328—2005)(JTG E 42—2005)

一、目的与适用范围

用容量瓶法测定细集料(天然砂、石屑、机制砂)在 23 ℃时对水的表观相对密度和表观密度。本方法适用含有少量大于 2.36 mm 部分的细集料。

二、仪器设备

动画：细集料表观密度试验(容量瓶法)

(1)天平：称量 1 kg，感量不大于 1g。

(2)容量瓶：500 mL。

(3)烘箱：能使温度控制在 105 ℃±5 ℃。

(4)烧杯：500 mL。

(5)洁净水。

(6)其他：干燥器、浅盘、铝制料勺、温度计等。

三、试验准备

将缩分至 650 g 左右的试样在温度为 105 ℃±5 ℃的烘箱中烘干至恒重，并在干燥器内冷却至室温，分成两份备用。

四、试验步骤

(1)称取烘干的试样约 300 g(m_0)，装入盛有半瓶洁净水的容量瓶。

(2)摇转容量瓶，使试样在已保温至 23 ℃±1.7 ℃的水中充分搅动以排除气泡，塞紧瓶塞，在恒温条件下静置 24 h 左右，然后用滴管添水，使水面与瓶颈刻度线平齐，再塞紧瓶塞，擦干瓶外水分，称量其总质量(m_2)。

(3)倒出瓶中的水和试样，将瓶的内外表面洗净，再向瓶内注入同样温度的洁净水(温差不超过 2 ℃)至瓶颈刻度线，塞紧瓶塞，擦干瓶外水分，称其总质量(m_1)。

注：在砂的表观密度试验过程中应测量并控制水的温度，试验期间的温差不得超过 1 ℃。

五、计算

(1)细集料的表观相对密度按式(3-16)计算至小数点后 3 位。

$$\gamma_a=\frac{m_0}{m_0+m_1-m_2} \tag{3-16}$$

式中 γ_a——细集料的表观相对密度，无量纲；

m_0——试样的烘干质量(g)；

m_1——水及容量瓶的总质量(g)；

m_2——试样、水及容量瓶的总质量(g)。

(2)表观密度 ρ_a 按式(3-17)计算，精确至小数点后 3 位。

$$\rho_a=\gamma_a\times\rho_T \text{ 或 } \rho_a=(\gamma_a-\alpha_T)\times\rho_w \tag{3-17}$$

式中 ρ_a——细集料的表观密度(g/cm^3)；

ρ_w——水在 4 ℃时的密度(g/cm^3)；

α_T——试验时水温对水密度影响的修正系数，按表 3-26 取用；

ρ_T——试验温度 T 时水的密度(g/cm³)，按表 3-26 取用。

六、精密度或允许差

以两次平行试验结果的算术平均值作为测定值，如两次结果之差值大于 0.01 g/cm³时，应重新取样进行试验。

七、实训报告

实训报告见表 3-28。

表 3-28　实训报告

日期：　　　　　　班级：　　　　　　组别：　　　　　　姓名：　　　　　　学号：

<table>
<tr><td>实训模块/任务</td><td colspan="4"></td><td colspan="2">成绩</td><td colspan="2"></td></tr>
<tr><td>实训目的</td><td colspan="8"></td></tr>
<tr><td>主要仪器</td><td colspan="8"></td></tr>
<tr><td>试验次数</td><td>试样烘干质量 m_0/g</td><td>试样＋水＋容量瓶质量 m_2/g</td><td>满水＋容量瓶质量 m_1/g</td><td>表观相对密度 $\gamma_a=\frac{m_0}{m_0+m_1-m_2}$</td><td>水温 /℃</td><td>水的密度 ρ_T/(g·cm⁻³)</td><td>水温修正系数 α_T</td><td>表观密度 $\rho_a=\gamma_a\times\rho_T$ 或 $\rho_a=(\gamma_a-\alpha_T)\times\rho_w$ /(g·cm⁻³)</td></tr>
<tr><td>1</td><td></td><td></td><td></td><td></td><td rowspan="2"></td><td></td><td></td><td></td></tr>
<tr><td>2</td><td></td><td></td><td></td><td></td><td></td><td></td><td></td></tr>
<tr><td colspan="9">纠错与提升：(位置不够，可另行加页)</td></tr>
<tr><td colspan="9">实训总结：(位置不够，可另行加页)</td></tr>
<tr><td rowspan="4">考核评定</td><td colspan="4">考核方式</td><td colspan="4">总评成绩</td></tr>
<tr><td colspan="4">自评：</td><td colspan="4" rowspan="3"></td></tr>
<tr><td colspan="4">互评：</td></tr>
<tr><td colspan="4">教师评：</td></tr>
</table>

任务二　基准配合比计算
子任务一　基准配合比计算步骤

一、试配

(1)试配材料要求。试配混凝土所用各种原材料，要与实际工程使用的材料相同，粗、细集料均以干燥状态为基准，即配合比设计所采用的细集料含水率应小于0.5%，粗集料含水率应小于0.2%。如不是用干燥集料配制，计算用水量时应扣除粗集料、细集料的含水量，集料称量也应对应增加。

(2)搅拌方法和拌合物数量。混凝土搅拌方法，应尽量与生产时使用方法相同。试配时，每盘混凝土的搅拌量应符合表3-29的规定。采用机械搅拌时，其搅拌量应不小于搅拌机公称容量的1/4，且不应大于搅拌机公称容量。

表3-29　混凝土试配时的最小搅拌量

粗集料最大公称粒径/mm	拌合物最小数量/L
≤31.5	20
40.0	25

二、校核新拌混凝土的工作性，确定基准配合比

按计算出的初步配合比称量各种原材料进行试配，以校核新拌混凝土的工作性(相关试验详见子任务二至子任务四)。如试拌得出的拌合物的坍落度(或维勃稠度)不能满足要求，或黏聚性、保水性能不好时，应在保证水胶比不变的条件下相应调整用水量或砂率，直到符合要求为止。再提出供混凝土强度校核用的基准配合比，即$m_{ca}:m_{fa}:m_{wa}:m_{sa}:m_{ga}$。

三、思考与检测

检测报告见表3-30。

表3-30　检测报告

日期：　　　　班级：　　　　组别：　　　　姓名：　　　　学号：

检测模块/任务	
检测目的	
检测内容： 1. 基准配合比设计的目的是什么？ 2. 基准配合比设计需要做哪些试验？ 3. 满足哪些条件才能符合基准配合比的要求？ 4. 试配时混凝土拌合物的工作性不满足要求时，应该怎么解决？	

续表

<table>
<tr><td>检测模块/任务</td><td colspan="3"></td></tr>
<tr><td colspan="4">答题区：（位置不够，可另行加页）</td></tr>
<tr><td colspan="4">纠错与提升：（位置不够，可另行加页）</td></tr>
<tr><td colspan="4">检测总结：（位置不够，可另行加页）</td></tr>
<tr><td rowspan="4">考核评定</td><td>考核方式</td><td colspan="2">总评成绩</td></tr>
<tr><td>自评：</td><td colspan="2" rowspan="3"></td></tr>
<tr><td>互评：</td></tr>
<tr><td>教师评：</td></tr>
</table>

子任务二　水泥混凝土拌合物的拌和与现场取样方法（T 0521—2005）（JTG 3420—2020）

一、目的与适用范围

本方法规定了在常温环境中室内水泥混凝土拌合物的拌和与现场取样方法。轻质水泥混凝土、防水水泥混凝土、碾压水泥混凝土等其他特种水泥混凝土的拌和与现场取样方法，可以参照本方法进行，但因其特殊性所引起的对试验设备及方法的特殊要求，均应遵照水泥混凝土的有关技术规定进行。

动画：水泥混凝土拌合物拌和与现场取样方法

二、仪器设备

(1)搅拌机：自由式或强制式，如图 3-4 所示。

(2)振动台：标准振动台，应符合《混凝土试验用振动台》(JG/T 245—2009)的要求，如图 3-5 所示。

(3)磅秤：感量满足称量总量1%的磅秤。

(4)天平：感量满足称量总量0.5%的天平。

(5)其他：铁板、铁铲等。

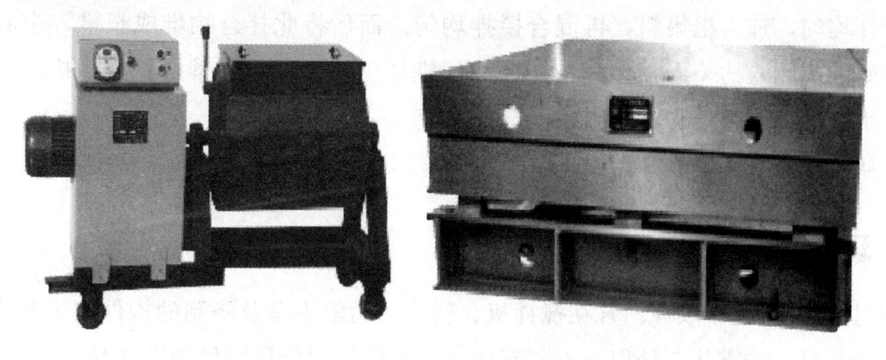

图 3-4　混凝土搅拌机　　　图 3-5　混凝土振动台

三、材料

(1)所有材料均应符合有关要求，拌和前材料应置于温度20 ℃±5 ℃的室内。

(2)为防止粗集料的离析，可将集料按不同粒径分开，使用时再按一定比例混合。试样从抽取至试验完毕过程中，避免风吹日晒，必要时应采取保护措施。

四、拌和步骤

(1)拌和时保持室温20 ℃±5 ℃。

(2)拌合物的总量至少应比所需量高20%以上。拌制混凝土的材料用量应以质量计，称量的精确度：集料为±1%，水、水泥、掺合料和外加剂为±0.5%。

(3)粗集料、细集料均以干燥状态为基准，计算用水量时应扣除粗集料、细集料中的含水量。

注：干燥状态是指含水率小于0.5%的细集料和含水率小于0.2%的粗集料。

(4)外加剂的加入。对于不溶于水或难溶于水且不含潮解型盐类的外加剂，应先与一部分水泥拌和，以保证充分分散；对于不溶于水或难溶于水但含潮解型盐类的外加剂，应先与细集料拌和；对于水溶性或液体外加剂，应先与水均匀拌和；其他特殊外加剂，应遵守有关规定。

(5)拌制混凝土所用各种用具，如铁板、铁铲、抹刀，应预先用水润湿，使用完后必须清洗干净。

(6)使用搅拌机前，应先用少量砂浆进行涮膛，再刮出涮膛砂浆，以避免正式拌和混凝土时，水泥砂浆黏附筒壁造成损失。涮膛砂浆的水胶比及砂胶比，应与正式的混凝土配合比相同。

(7)用搅拌机拌和时，拌合量宜为搅拌机公称容量的1/4～3/4。

(8)搅拌机搅拌：按规定称好原材料，往搅拌机内顺序加入粗集料、细集料和水泥。开动搅拌机，将材料拌和均匀，在拌和过程中慢慢加水，全部加料时间不宜超过2 min。水全部加入后，继续拌和约 2 min，而后将拌合物倒在铁板上，再经人工翻拌 1～2 min，务必使拌合物均匀一致。

(9)人工拌和：采用人工拌和时，先用湿布将铁板、铁铲润湿，再将称好的砂和水泥在铁板上干拌均匀，加入粗集料，再混合搅拌均匀。而后将此拌合物堆成长堆，中心扒成长槽，将称好的水倒入约一半，将其与拌合物仔细拌匀，再将材料堆成长堆，扒成长槽，倒入剩余的水，继续进行拌和，来回翻拌至少 10 遍。

(10)从试样制备完毕到开始做各项性能试验不宜超过 5 min(不包括成型试件)。

五、现场取样

(1)新拌混凝土现场取样：凡在搅拌机、料斗、运输小车及浇制的构件中采取新拌混凝土代表性样品时，均需从三处以上不同部位抽取大致相同分量的代表性样品(不要抽取已经离析的混凝土)，集中用铁铲翻拌均匀，而后立即进行拌合物的试验。拌合物取样量应多于试验所需数量的 1.5 倍，其体积应不小于 20 L。

(2)为使取样具有代表性，宜采用多次采样的方法，最后集中用铁铲翻拌均匀。

(3)从第一次取样到最后一次取样不宜超过 15 min。取回的混凝土拌合物应经过人工再次翻拌均匀，而后进行试验。

六、实训报告

实训报告见表 3-31。

表 3-31　实训报告

日期：　　　　班级：　　　　组别：　　　　姓名：　　　　学号：

实训模块/任务	
实训目的	
实训内容： 1. 拌制水泥混凝土拌合物时，如果集料不是干燥状态，应该怎么办？ 2. 拌制水泥混凝土拌合物时，如果有外加剂加入，应该怎样正确处理？ 3. 用搅拌机搅拌水泥混凝土拌合物时，有哪些注意事项？ 4. 人工拌和的具体过程是什么？ 5. 新拌混凝土现场取样有什么要求？	
答题区：(位置不够，可另行加页)	
纠错与提升：(位置不够，可另行加页)	

续表

<table>
<tr><td>实训模块/任务</td><td colspan="2"></td></tr>
<tr><td colspan="3">实训总结：（位置不够，可另行加页）</td></tr>
<tr><td rowspan="4">考核评定</td><td>考核方式</td><td>总评成绩</td></tr>
<tr><td>自评：</td><td rowspan="3"></td></tr>
<tr><td>互评：</td></tr>
<tr><td>教师评：</td></tr>
</table>

子任务三　水泥混凝土拌合物稠度试验(坍落度仪法)(T 0522—2005)(JTG 3420—2020)

一、目的与适用范围

本方法适用于坍落度大于 10 mm，集料公称最大粒径不大于 31.5 mm 的水泥混凝土的坍落度测定。

二、仪器设备

(1)坍落筒：如图 3-6 所示，坍落筒为铁板制成的截头圆锥筒，厚度不小于 1.5 mm，内侧平滑，没有铆钉头之类的突出物，在筒上方约 2/3 高度处有两个把手，近下端两侧焊有两个踏脚板，保证坍落筒可以稳定操作，坍落筒尺寸见表 3-32。

图 3-6　坍落筒

表 3-32　坍落筒尺寸表

集料公称最大粒径/mm	筒的名称	筒的内部尺寸/mm		
		底面直径	顶面直径	高度
＜31.5	标准坍落筒	200±2	100±2	300±2

(2)捣棒：直径为 16 mm、长约 600 mm 并具有半球形端头的钢质圆棒。

(3)其他：小铲、木尺、钢尺、镘刀和钢平板等。

动画：混凝土稠度试验(坍落度仪法)

三、试验步骤

(1)试验前将坍落筒内外洗净，放在经水润湿过的平板上(平板吸水时应垫以塑料布)，并踏紧踏脚板。

(2)将代表样分三层装入筒内，每层装入高度稍大于筒高的1/3，用捣棒在每一层的横截面上均匀插捣25次。插捣在全部面积上进行，沿螺旋线由边缘至中心，插捣底层时插至底部，插捣其他两层时，应插透本层并插入下层20～30 mm，插捣须垂直压下(边缘部分除外)，不得冲击。在插捣顶层时，装入的混凝土应高出坍落筒口，随插捣过程随时添加拌合物。当顶层插捣完毕后，将捣棒用锯和滚的动作，清除掉多余的混凝土，用镘刀抹平筒口，刮净筒底周围的拌合物，而后立即垂直地提起坍落筒，提筒在5～10 s内完成，并使混凝土不受横向及扭力作用。从开始装料到提出坍落筒整个过程应在150 s内完成。

(3)将坍落筒放在锥体混凝土试样一旁，筒顶平放木尺，用钢尺量出木尺底面至试样顶面最高点的垂直距离(图3-7)，即该混凝土拌合物的坍落度，精确至1 mm。

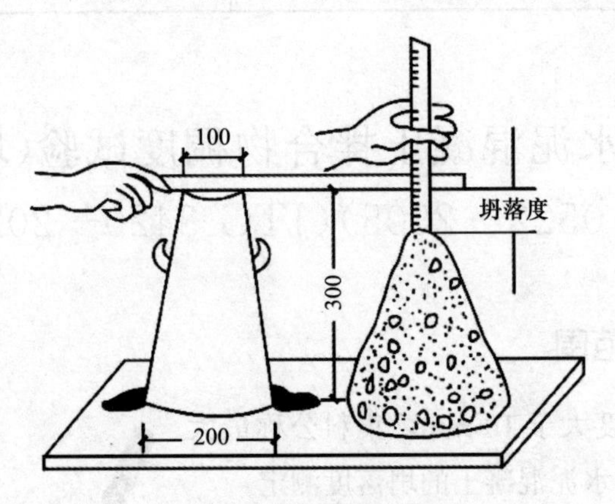

图3-7　测量坍落度值示意

(4)当混凝土试件的一侧发生崩坍或一边剪切破坏，则应重新取样另测。如果第二次仍发生上述情况，则表示该混凝土和易性不好，应记录。

(5)当混凝土拌合物的坍落度大于160 mm时，用钢尺测量混凝土扩展后最终的最大直径和最小直径，在这两个直径之差小于50 mm的条件下，用其算术平均值作为坍落扩展度值；否则，此次试验无效。

(6)坍落度试验的同时，可用目测方法评定混凝土拌合物的下列性质，并予记录。

1)棍度：按插捣混凝土拌合物时难易程度评定。分“上”“中”“下”三级。

“上”：表示插捣容易；

“中”：表示插捣时稍有石子阻滞的感觉；

“下”：表示很难插捣。

2)含砂情况：按拌合物外观含砂多少进行评定，分“多”“中”“少”三级。

“多”：表示用镘刀抹拌合物表面时，一两次即可使拌合物表面平整无蜂窝；

“中”：表示抹五六次才可使表面平整无蜂窝；

“少”：表示抹面困难，不易抹平，有空隙及石子外露等现象。

3)黏聚性：观测拌合物各组分相互黏聚情况，评定方法是用捣棒在已坍落的混凝土锥体侧面轻打，如锥体在轻打后逐渐下沉，表示黏聚性良好；如锥体突然倒坍、部分崩裂或发生石子离析现象，则表示黏聚性不好。

4)保水性：是指水分从拌合物中析出情况，分“多量”“少量”“无”三级评定。

“多量”：表示提起坍落筒后，有较多水分从底部析出；

“少量”：表示提起坍落筒后，有少量水分从底部析出；

“无”：表示提起坍落筒后，没有水分从底部析出。

四、试验结果

混凝土拌合物坍落度和坍落扩展度值以毫米(mm)为单位，测量精确至 1 mm，结果修约至最接近的 5 mm。

五、实训报告

完成项目三模块二的工作任务里面的第二个目标：基准配合比设计。实训报告见表 3-33。

表 3-33　实训报告

日期：　　　　班级：　　　　组别：　　　　姓名：　　　　学号：

<table>
<tr><td>实训模块/任务</td><td colspan="9"></td></tr>
<tr><td>实训目的</td><td colspan="9"></td></tr>
<tr><td>主要仪器</td><td colspan="9"></td></tr>
<tr><td>检测项目名称</td><td colspan="2"></td><td colspan="2">试验执行标准</td><td colspan="2"></td><td colspan="2">试验日期</td><td></td></tr>
<tr><td>设备名称及规格</td><td colspan="2"></td><td colspan="2">搅拌方式</td><td colspan="2"></td><td colspan="2">环境温度和湿度</td><td></td></tr>
<tr><td>水泥品种及强度等级</td><td colspan="2"></td><td colspan="2">粗集料规格</td><td colspan="2"></td><td colspan="2">细集料规格</td><td></td></tr>
<tr><td>设计坍落度值/mm</td><td colspan="4"></td><td colspan="2">混凝土初步配合比</td><td colspan="3"></td></tr>
<tr><td colspan="10">根据初步配合比：每立方米混凝土中各种材料用量</td></tr>
<tr><td>水泥/kg</td><td colspan="2"></td><td colspan="2">矿物掺合料/kg</td><td colspan="2"></td><td colspan="2">外加剂/kg</td><td></td></tr>
<tr><td>水/kg</td><td colspan="2"></td><td colspan="2">粗集料/kg</td><td colspan="2"></td><td colspan="2">细集料/kg</td><td></td></tr>
<tr><td>水胶比</td><td colspan="4"></td><td colspan="2">砂率/%</td><td colspan="3"></td></tr>
<tr><td colspan="10">试拌 x L 混凝土拌合物各种材料数量及和易性、体积密度试验</td></tr>
<tr><td>水泥/kg</td><td colspan="2"></td><td colspan="2">矿物掺合料/kg</td><td colspan="2"></td><td colspan="2">外加剂/kg</td><td></td></tr>
<tr><td>水/kg</td><td colspan="2"></td><td colspan="2">粗集料/kg</td><td colspan="2"></td><td colspan="2">细集料/kg</td><td></td></tr>
<tr><td>水胶比</td><td colspan="4"></td><td colspan="2">砂率/%</td><td colspan="3"></td></tr>
<tr><td>实测坍落度/坍落扩展度值/mm</td><td></td><td>棍度</td><td></td><td>含砂情况</td><td></td><td>黏聚性</td><td></td><td>保水性</td><td></td></tr>
<tr><td colspan="10">调整后每立方米混凝土拌合物各种材料数量及和易性、体积密度试验</td></tr>
<tr><td>水泥/kg</td><td colspan="2"></td><td colspan="2">矿物掺合料/kg</td><td colspan="2"></td><td colspan="2">外加剂/kg</td><td></td></tr>
<tr><td>水/kg</td><td colspan="2"></td><td colspan="2">粗集料/kg</td><td colspan="2"></td><td colspan="2">细集料/kg</td><td></td></tr>
<tr><td>水胶比</td><td colspan="4"></td><td colspan="2">砂率/%</td><td colspan="3"></td></tr>
</table>

续表

<table>
<tr><td>实测坍落度/坍落扩展度值/mm</td><td></td><td>棍度</td><td></td><td>含砂情况</td><td></td><td>黏聚性</td><td></td><td>保水性</td><td></td></tr>
<tr><td>基准配合比</td><td colspan="9"></td></tr>
<tr><td colspan="10">混凝土拌合物体积密度 ρ_h/(kg·m^{-3})</td></tr>
<tr><td rowspan="2">试样筒容积/L</td><td colspan="2">①</td><td rowspan="2" colspan="2">试样筒质量/kg</td><td colspan="2">①</td><td rowspan="2" colspan="2">试样筒＋混凝土质量/kg</td><td>①</td></tr>
<tr><td colspan="2">②</td><td colspan="2">②</td><td>②</td></tr>
<tr><td rowspan="2">拌合物体积密度
$\rho_h=\frac{m_2-m_1}{V}\times 1\,000$
/(kg·m^3)</td><td colspan="6">表观密度①：</td><td rowspan="2" colspan="3">两次体积密度平均值：</td></tr>
<tr><td colspan="6">表观密度②：</td></tr>
<tr><td colspan="10">纠错与提升：(位置不够，可另行加页)</td></tr>
<tr><td colspan="10">实训总结：(位置不够，可另行加页)</td></tr>
<tr><td rowspan="4">考核评定</td><td colspan="4">考核方式</td><td colspan="5">总评成绩</td></tr>
<tr><td colspan="4">自评：</td><td rowspan="3" colspan="5"></td></tr>
<tr><td colspan="4">互评：</td></tr>
<tr><td colspan="4">教师评：</td></tr>
</table>

子任务四　水泥混凝土拌合物稠度试验方法(维勃仪法)(T 0523—2005)(JTG 3420—2020)

一、目的与适用范围

本试验用维勃时间来测定混凝土拌合物的稠度，适用于集料公称最大粒径不大于31.5 mm的水泥混凝土及维勃时间为5～30 s的干稠性水泥混凝土的稠度测定。

二、仪器设备

(1)稠度仪(维勃仪)：由容量筒、坍落筒、透明圆盘、振动台组成，如图3-8所示。

(2)捣棒、抹刀、秒表(分度值为0.5 s)等。

图 3-8　稠度仪(维勃仪)

三、试验步骤

(1)如图 3-9 所示，将容量筒 1 用螺母固定在振动台上，放入润湿的坍落筒 2，把漏斗 7 转到坍落筒上口，拧紧定位螺栓 9，使漏斗对准坍落筒口上方。

(2)按坍落度试验步骤，分三层经漏斗装入拌合物，用捣棒每层捣 25 次，捣毕第三层混凝土后，拧松螺钉 6，将漏斗转回到原先的位置，并将筒模顶上的混凝土刮平，然后轻轻提起筒模。

(3)拧紧定位螺栓 9，使圆盘可定向地向下滑动，仔细转圆盘到混凝土上方，并轻轻与混凝土接触。检查圆盘是否可以顺利滑向容器。

(4)开动振动台并按动秒表，通过透明圆盘观察混凝土的振实情况，当圆盘底面刚被水泥浆布满时，立即按停秒表和关闭振动台，记下秒表所记时间，精确至 1 s。

(5)仪器每测试一次后，必须将容器、筒模及透明圆盘洗净擦干，并在滑杆等处涂抹薄层黄油，以备下次使用。

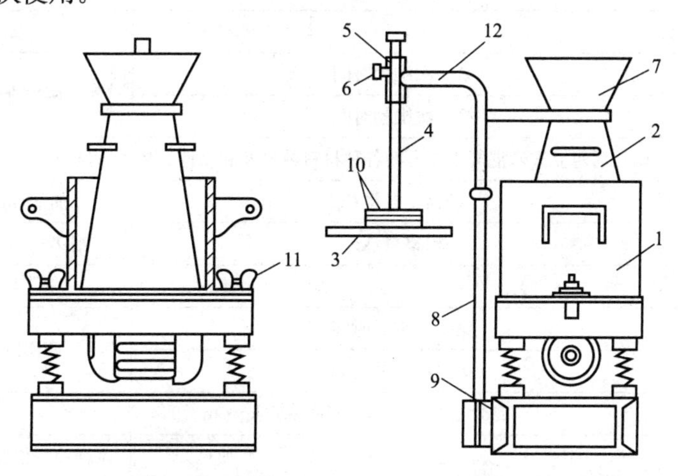

图 3-9　维勃仪示意

1—容量筒；2—坍落筒；3—圆盘；4—滑杆；5—套筒；6—螺钉；7—漏斗；

8—支柱；9—定位螺栓；10—荷载；11—元宝螺母；12—旋转架

四、试验结果

秒表所表示的时间即混凝土拌合物稠度的维勃时间，精确到 1 s。以两次试验结果的平均值作为混凝土拌合物稠度的维勃时间。

五、实训报告

完成项目三模块二的工作任务里面的第二个目标：基准配合比设计。实训报告见表 3-34。

表 3-34　实训报告

日期：　　　　　班级：　　　　　组别：　　　　　姓名：　　　　　学号：

实训模块/任务					
实训目的					
主要仪器					
检测项目名称		试验执行标准		试验日期	
设备名称及规格		搅拌方式		环境温度和湿度	
水泥品种及强度等级		粗集料规格		细集料规格	
设计维勃时间/s		混凝土初步配合比			
根据初步配合比：每立方米混凝土中各种材料用量					
水泥/kg		矿物掺合料/kg		外加剂/kg	
水/kg		粗集料/kg		细集料/kg	
水胶比		砂率/%			
试拌 xL 混凝土拌合物各种材料数量及和易性、体积密度试验					
水泥/kg		矿物掺合料/kg		外加剂/kg	
水/kg		粗集料/kg		细集料/kg	
水胶比		砂率/%			
维勃时间/s	第一次维勃时间：			两次维勃时间平均值：	
	第二次维勃时间：				
调整后每立方米混凝土拌合物各种材料数量及和易性、体积密度试验					
水泥/kg		矿物掺合料/kg		外加剂/kg	
水/kg		粗集料/kg		细集料/kg	
水胶比		砂率/%			
维勃时间/s	第一次维勃时间：			两次维勃时间平均值：	
	第二次维勃时间：				
混凝土拌合物体积密度 ρ_h/(kg·m^{-3})					
试样筒容积/L	①	试样筒质量	①	试样筒＋混凝土	①
	②	m_1/kg	②	质量 m_2/kg	②

续表

<table>
<tr><td>实训模块/任务</td><td colspan="3"></td></tr>
<tr><td rowspan="2">拌合物体积密度
$\rho_h=\frac{m_2-m_1}{V}\times 1\,000$
/(kg·m^{-3})</td><td colspan="2">体积密度①：</td><td rowspan="2">两次体积密度平均值：</td></tr>
<tr><td colspan="2">体积密度②：</td></tr>
<tr><td colspan="4">纠错与提升：(位置不够，可另行加页)</td></tr>
<tr><td colspan="4">实训总结：(位置不够，可另行加页)</td></tr>
<tr><td rowspan="4">考核评定</td><td colspan="2">考核方式</td><td>总评成绩</td></tr>
<tr><td colspan="2">自评：</td><td rowspan="3"></td></tr>
<tr><td colspan="2">互评：</td></tr>
<tr><td colspan="2">教师评：</td></tr>
</table>

子任务五　水泥混凝土拌合物体积密度试验(T 0525—2020)(JTG 3420—2020)

一、目的与适用范围

本试验规定了水泥混凝土拌合物体积密度的试验方法。本试验适用于测定水泥混凝土拌合物捣实后的体积密度。

引用标准：《混凝土试验用振动台》(JG/T 245—2009)。

二、仪器设备

(1)容量筒：应为刚性金属制成的圆筒，筒外壁两侧应有提手。对于集料最大粒径不大于 31.5 mm 的混凝土拌合物，宜采用容积不小于 5 L 的容量筒，其内径与内高均为186 mm±2 mm，壁厚不应小于 3 mm。对于集料最大粒径大于 31.5 mm 的拌合物所采用容量筒，其内径与内高均应大于集料最大粒径的 4 倍。容量筒上沿及内壁应光滑平整，顶面与底面应平行并应与圆柱体的轴垂直。

(2)电子天平：最大量程不小于 50 kg，感量不大于 10 g。

(3)捣棒：直径为 16 mm、长约 600 mm 并具有半球形端头的钢质圆棒。

(4)振动台：应符合现行《混凝土试验用振动台》(JG/T 245—2009)的规定。

(5)其他：金属直尺、抹刀、玻璃板等。

三、容量筒标定

(1)应将干净容量筒与玻璃板一起称重，精确至 10 g。

(2)将容量筒装满水，缓慢将玻璃板从筒口一侧推到另一侧。容量筒内应充满水，且不应存在气泡，擦干容量筒外壁，再次称重。

(3)两次称重结果之差除以该温度下水的密度，则为容量筒的容积 V，常温下水的密度可取 1 000 kg/m^3。

四、试验步骤

(1)试验前将已明确体积的容量筒用湿布擦拭干净，称出质量 m_1，精确至 10 g。

(2)当坍落度不大于 90 mm 时，混凝土拌合物宜用振动台振实。振动台振实时，应一次性将混凝土拌合物装填至高出容量筒筒口，装料时可用捣棒稍加插捣，振动过程中混凝土低于筒口，应随时添加混凝土，振动直到拌合物表面出现水泥浆为止。

(3)当坍落度大于 90 mm 时，混凝土拌合物宜用捣棒插捣密实。插捣时，应根据容量筒的大小决定分层与插捣次数：用 5 L 容量筒时，混凝土拌合物应分两层装入，每层的插捣次数应为 25 次；用大于 5 L 的容量筒时，每层混凝土的高度不应大于 100 mm，每层插捣次数按每 10 000 mm^2 截面面积不小于 12 次计算；用捣棒从边缘到中心沿螺旋形均匀插捣；捣棒应垂直压下，不得冲击，捣底层时应至筒底，插捣第二层时，捣棒应插透本层至下一层的表面；每一层捣完后用橡皮锤沿容量筒外壁敲击 5～10 次，进行振实，直至混凝土拌合物表面插捣孔消失并不见大泡。

(4)自密实混凝土应一次性填满，且不应进行振动和插捣。

(5)将筒口多余的混凝土拌合物刮去，表面有凹陷应填补，用抹刀抹平，并用玻璃板检验；应将容量筒外壁擦净，称出混凝土拌合物试样与容量筒总质量 m_2，精确至 10 g。

五、结果计算

(1)按式(3-18)计算水泥混凝土拌合物体积密度 ρ_h：

$$\rho_h=\frac{m_2-m_1}{V}\times 1\,000 \tag{3-18}$$

式中 ρ_h——水泥混凝土拌合物体积密度(kg/m^3)；

m_1——容量筒质量(kg)；

m_2——捣实或振实后混凝土和容量筒总质量(kg)；

V——试样筒容积(L)。

试验结果计算精确至 10 kg/m^3。

(2)以两次试验测值的算术平均值作为试验结果，结果精确至 10 kg/m^3，试样不得重复使用。

六、实训报告

实训报告见表3-35。

表3-35　实训报告

日期：　　　　　　　　班级：　　　　　　　　组别：　　　　　　　　姓名：　　　　　　学号：

<table>
<tr><td>实训模块/任务</td><td colspan="5"></td></tr>
<tr><td>实训目的</td><td colspan="5"></td></tr>
<tr><td>主要仪器</td><td colspan="5"></td></tr>
<tr><td>检测项目名称</td><td></td><td>试验执行标准</td><td></td><td>试验日期</td><td></td></tr>
<tr><td>设备名称及规格</td><td></td><td>搅拌方式</td><td></td><td>环境温度和湿度</td><td></td></tr>
<tr><td>水泥品种及强度等级</td><td></td><td>粗集料规格</td><td></td><td>细集料规格</td><td></td></tr>
<tr><td colspan="6">混凝土拌合物体积密度 $\rho_h/(kg\cdot m^{-3})$</td></tr>
<tr><td rowspan="2">试样筒容积/L</td><td>①</td><td rowspan="2">试样筒质量 m_1/kg</td><td>①</td><td rowspan="2">试样筒＋混凝土质量 m_2/kg</td><td>①</td></tr>
<tr><td>②</td><td>②</td><td>②</td></tr>
<tr><td rowspan="2">拌合物体积密度 $\rho_h=\frac{m_2-m_1}{V}\times 1\,000$ /(kg·m^{-3})</td><td colspan="3">体积密度①：</td><td colspan="2" rowspan="2">两次体积密度平均值：</td></tr>
<tr><td colspan="3">体积密度②：</td></tr>
<tr><td colspan="6">纠错与提升：（位置不够，可另行加页）</td></tr>
<tr><td colspan="6">实训总结：（位置不够，可另行加页）</td></tr>
<tr><td rowspan="4">考核评定</td><td colspan="3">考核方式</td><td colspan="2">总评成绩</td></tr>
<tr><td colspan="3">自评：</td><td colspan="2" rowspan="3"></td></tr>
<tr><td colspan="3">互评：</td></tr>
<tr><td colspan="3">教师评：</td></tr>
</table>

任务三　试验室配合比计算

子任务一　试验室配合比计算步骤

一、制作试件、检验强度

为校核混凝土的强度，至少拟订三个不同的配合比。当采用三个不同的配合比时，其中一个为按上述得出的基准配合比，另外两个配合比的水胶比值，应较基准配合比分别增加及减少0.05，其用水量应该与基准配合比相同，砂率可分别增加及减少1%。

制作检验混凝土强度试验的试件时，应检验混凝土拌合物的坍落度(或维勃稠度)、黏聚性、保水性及拌合物的体积密度，并以此结果表征该配合比的混凝土拌合物的性能。

为检验混凝土强度，每种混凝土配合比至少制作一组(3 块)试件，在标准养护 28 d 条件下进行抗压强度测试。有条件的单位可同时制作几组试件，供快速检验或较早龄期(3 d、7 d 等)时抗压强度测试，以便尽早提出混凝土配合比供施工使用。但必须以标准养护 28 d 强度的检验结果为依据调整配合比。

二、确定试验室配合比

根据“强度”检验结果和“湿体积密度”测定结果，进一步修正配合比，即可得到“试验室配合比设计值”。

1. 根据强度检验结果修正配合比

(1)根据混凝土强度检验结果，用表格表示不同水胶比的混凝土强度值，见表 3-36。依据表格的内容，绘制强度和胶水比的线性关系图，用图解法或插值法求出配制强度对应的胶水比，如图 3-10 所示。

表 3-36　不同水胶比的混凝土强度值

组别	水胶比(W/B)	胶水比(B/W)	28 d 立方体抗压强度 $f_{cu,28}$/MPa
A	0.43	2.32	45.1
B	0.48	2.08	39.2
C	0.53	1.91	34.0

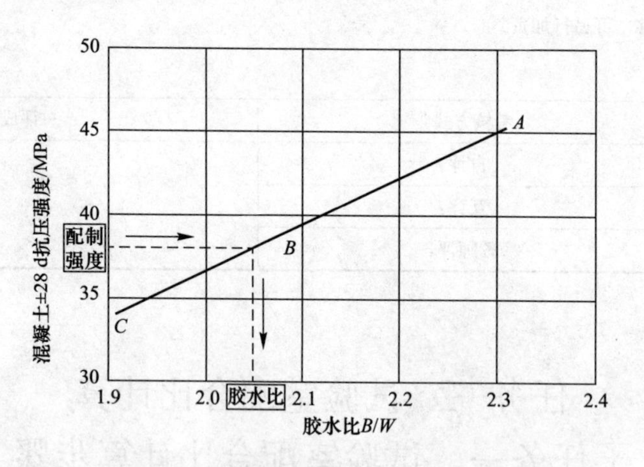

图 3-10　混凝土 28 d 抗压强度与胶水比关系(强度-胶水比)

(2)确定用水量(m_{wb})。取基准配合比中的用水量(m_{wa})，并根据制作强度检验试件时测得的坍落度(或维勃稠度)值加以适当调整确定。

(3)确定胶凝材料用量(m_{cb})。取用水量乘以由“强度-胶水比”关系定出的为达到配制强度($f_{cu,0}$)所必需的胶水比值。

(4)确定粗、细集料用量(m_{sb}和m_{gb})。应在用水量和胶凝材料用量调整的基础上，进行相应的调整。取基准配合比中的砂、石用量，并按定出的水胶比做适当调整。

2. 根据实测混凝土拌合物湿体积密度校正配合比

(1)根据强度检验结果校正后定出的混凝土配合比，按式(3-19)计算出混凝土拌合物体积密度计算值($\rho_{c,c}$)，即

$$\rho_{c,c}=m_{cb}+m_{fb}+m_{wb}+m_{sb}+m_{gb} \tag{3-19}$$

(2)将混凝土拌合物的体积密度实测值($\rho_{c,t}$)除以混凝土拌合物体积密度计算值($\rho_{c,c}$)，得出“校正系数”δ即

$$\delta=\frac{\rho_{c,t}}{\rho_{c,c}} \tag{3-20}$$

(3)当混凝土拌合物体积密度实测值与计算值之差的绝对值不超过计算值的2%时，则$m_{cb}:m_{fb}:m_{wb}:m_{sb}:m_{gb}$的比值即确定的试验室配合比；当两者之差超过2%时，应将配合比中每项材料用量均乘以校正系数δ，即得最终确定的试验室配合比设计值。

$$\begin{cases} m'_{cb}=m_{cb}\cdot\delta \\ m'_{fb}=m_{fb}\cdot\delta \\ m'_{wb}=m_{wb}\cdot\delta \\ m'_{sb}=m_{sb}\cdot\delta \\ m'_{gb}=m_{gb}\cdot\delta \end{cases} \tag{3-21}$$

即$m'_{cb}:m'_{fb}:m'_{wb}:m'_{sb}:m'_{gb}$为最终试验室配合比。

三、思考与检测

检测报告见表3-37。

表3-37　检测报告

日期：　　　　班级：　　　　组别：　　　　姓名：　　　　学号：

检测模块/任务	
检测目的	
检测内容： 1. 试验室配合比设计的目的是什么？ 2. 试验室配合比设计需要做哪些试验？ 3. 怎样绘制混凝土28 d抗压强度与胶水比关系图？ 4. 在什么情况下需要对试验室配合比进行校正？怎样校正？	
答题区：(位置不够，可另行加页)	

续表

检测模块/任务		
纠错与提升：（位置不够，可另行加页）		
检测总结：（位置不够，可另行加页）		
考核评定	考核方式	总评成绩
	自评：	
	互评：	
	教师评：	

子任务二　水泥混凝土试件制作与硬化水泥混凝土现场取样方法(T 0551—2020)(JTG 3420—2020)

一、目的与适用范围

本方法规定了在常温环境中室内试验时水泥混凝土试件制作与硬化水泥混凝土现场取样方法。

二、仪器设备

(1)搅拌机：自由式或强制式。

(2)振动台：标准振动台，应符合《混凝土试验用振动台》(JG/T 245—2009)要求。

(3)压力机或万能试验机：压力机除符合《液压式万能试验机》(GB/T 3159—2008)及《试验机通用技术要求》(GB/T 2611—2007)中的要求外，其测量精度为±1%，试件破坏荷载应大于压力机全量程的20%且小于压力机全量程80%。同时应具有加荷速度指示装置或加荷速度控制装置。上、下压板平整并有足够刚度，可以均匀地连续加荷卸荷，可以保持固定荷载，开机停机均灵活自如，能够满足试件破型吨位要求。

(4)球座：钢质坚硬，面部平整度要求100 mm距离内高低差值不超过0.05 mm，球面及球窝粗糙度$Ra=0.32$ μm，研磨、转动灵活。不应在大球座上做小试件破型，球座最好放置在时间顶面(特别是棱柱试件)，并凸面朝上，当试件均匀受力后，一般不宜再敲动球座。

(5)非圆柱试模。应符合《混凝土试模》(JG 237—2008)的规定，内表面刨光磨光(粗糙度 $Ra=3.2\ \mu m$)。

内部尺寸允许偏差为±0.2%；相邻面夹角为90°±0.3°。试件边长的尺寸公差为1 mm。

为了防止接缝处出现渗漏，要使用合适的密封剂，如黄油，并采用紧固方法使底板固定在模具上。

表3-38为“立方体抗压强度试件”和“抗弯拉强度试件”尺寸(试件内部尺寸)，所有试件承压面的平面度公差不超过0.000 5 d(d 为边长)。

表3-38 试件尺寸

试件名称	标准尺寸/mm	非标准尺寸/mm
立方体抗压强度试件	150×150×150(31.5)	100×100×100(26.5) 200×200×200(53)
抗弯拉强度试件	150×150×550(31.5) 150×150×600(31.5)	100×100×400(26.5)
注：括号中的数字为试件中集料公称最大粒径，单位为mm。标准试件的最小尺寸不应小于粗集料最大粒径的3倍。		

(6)捣棒：直径为16 mm、长约600 mm并具有半球形端头的钢质圆棒。

(7)橡皮锤：应带有质量约250 g的橡皮锤头。

(8)钻孔取样机：钻机一般用金刚石钻头，从结构表面垂直钻取，钻机应具有足够的刚度，保证钻取的芯样周面垂直且表面损伤最少。钻芯时，钻头应做无显著偏差的同心运动。

(9)锯：用于切割适于抗弯拉试验的试件。

(10)游标卡尺。

三、非圆柱体试件成型

(1)水泥混凝土的拌和参照模块二任务二子任务二水泥混凝土拌合物的拌和与现场取样方法。成型前试模内壁涂一薄层矿物油。

(2)取拌合物的总量至少应比所需量高20%以上，并取出少量混凝土拌合物代表样，在5 min内进行坍落度或维勃试验，认为品质合格后，应在15 min内开始制件或做其他试验。

(3)当坍落度小于25 mm时，可采用 ϕ25 mm的插入式振捣棒成型。将混凝土拌合物一次装入试模，装料时应用抹刀沿各试模壁插捣，并使混凝土拌合物高出试模口；振捣时振捣棒距底板10～20 mm，且不要接触底板。振动直到表面出浆为止，且应避免过振，以防止混凝土离析，一般振捣时间为20 s。振捣棒拔出时要缓慢，拔出后不得留有孔洞。用刮刀刮去多余的混凝土，在临近初凝时，用抹刀抹平。试件抹面与试模边缘高低差不得超过0.5 mm。

注：这里不适于含水量非常低的水泥混凝土；同时不适于直径或高度不大于100 mm的试件。

(4)当坍落度大于 25 mm 且小于 90 mm 时，用标准振动台成型。将试模放在振动台上夹牢，防止试模自由跳动，将拌合物一次装满试模并稍有富余，开动振动台至混凝土表面出现乳状水泥浆，振动过程中随时添加混凝土使试模常满，记录振动时间(为维勃秒数的 2～3 倍，一般不超过 90 s)。振动结束后，用金属直尺沿试模边缘刮去多余混凝土，用抹刀将表面初次抹平，待试件收浆后，再次用抹刀将试件仔细抹平，试件抹面与试模边缘的高低差不得超过 0.5 mm。

(5)当坍落度大于 90 mm 时，用人工成型。拌合物分厚度大致相等的两层装入试模。捣固时按螺旋方向从边缘到中心均匀进行。插捣底层混凝土时，捣棒应到达模底；插捣上层时，捣棒应贯穿上层后插入下层 20～30 mm 处。插捣时应用力将捣棒压下，保持捣棒垂直，不得冲击，捣完一层后，用橡皮锤轻轻击打试模外端面 10～15 mm 下，以填平插捣过程中留下的孔洞。每层插捣次数 100 cm^2 截面面积内不得少于 12 次。试件抹面与试模边缘高低差不得超过 0.5 mm。

四、养护

(1)试件成型后，用湿布覆盖表面(或其他保持湿度办法)，在室温 20 ℃±5 ℃、相对湿度大于 50％的环境下，静放一个到两个昼夜，然后拆模并做第一次外观检查、编号。对有缺陷的试件应除去，或加工补平。

(2)将完好试件放入标准养护室进行养护，标准养护室温度为 20 ℃±2 ℃，相对湿度在 95％以上，试件宜放在铁架或木架上，间距至少为 10～20 mm，试件表面应保持一层水膜，并避免用水直接冲淋。当无标准养护室时，将试件放入温度 20 ℃±2 ℃的 $Ca(OH)_2$ 饱和溶液中养护。

(3)标准养护龄期为 28 d(以搅拌加水开始)，非标准的龄期为 1 d、3 d、7 d、60 d、90 d、180 d。

五、硬化水泥混凝土现场试样的钻取或切割取样

1. 芯样的钻取

(1)钻取位置：在钻取前应考虑由于钻芯可能导致对结构产生的不利影响，应尽可能避免在靠近混凝土构件的接缝或边缘处钻取，且不应带有钢筋。

(2)芯样尺寸：芯样直径应为混凝土所用集料公称最大粒径的 3 倍以上，一般为 150 mm±10 mm或 100 mm±10 mm。

对于路面，芯样长径比宜为 1.9～2.1，对于长径比超过 2.1 的试件，可减少钻芯深度；也可先取芯样长度与路面厚度相等，再在室内加工成为长径比为 2 的试件；对于长径比不足 1.8 的试件，可按不同试验项目分别进行修正。

(3)标记：钻出后的每个芯样应立即清楚地编号，并记录所取芯样在混凝土结构中的位置。

2. 切割取样

对于现场的不规则混凝土试块，可按规定要求的棱柱体尺寸进行切割，以满足不同试验的需求。

3. 检查与测量

(1)外观检查。每个芯样应详细描述有关裂缝、接缝、分层、麻面或离析等不均匀性，必要时应记录以下事项：

1)集料情况：估计集料的最大粒径、形状及种类、粗细集料的比例与级配。

2)密实性：检查并记录存在的气孔、气孔的位置、尺寸与分布情况，必要时应拍下照片。

(2)测量。

1)平均直径 d_m：在芯样高度的中间及两个 1/4 处按两个垂直方向测量 3 对数值确定芯样的平均直径 d_m，精确至 1.0 mm。

2)平均长度 L_m：芯样直径两端侧面测定钻取后芯样的长度及加工后的长度，其尺寸差应在 0.25 mm 之内，取平均值作为试件平均长度 L_m，精确至 1.0 mm。

3)平均长、高、宽：对于切割棱柱体，分别测量所有边长，精确至 1.0 mm。

六、思考与检测

检测报告见表 3-39。

表 3-39　检测报告

日期：　　　　班级：　　　　组别：　　　　姓名：　　　　学号：

检测模块/任务	
检测目的	
检测内容： 1. 水泥混凝土立方体抗压强度试件尺寸是多少？ 2. 阐述水泥混凝土立方体抗压强度试件制作步骤。 3. 试件成型后，怎样进行养护？	
答题区：(位置不够，可另行加页)	
纠错与提升：(位置不够，可另行加页)	

续表

检测模块/任务		
检测总结：（位置不够，可另行加页）		
考核评定	考核方式	总评成绩
	自评：	
	互评：	
	教师评：	

子任务三　水泥混凝土抗压强度试验方法（T 0553—2005）（JTG 3420—2020）

动画：混凝土抗压强度试验

一、目的与适用范围

本试验规定了测定混凝土抗压极限强度的方法和步骤。本试验可用于确定水泥混凝土的强度等级，作为评定水泥混凝土品质的主要指标。

本试验适用于各类水泥混凝土立方体试件的极限抗压强度的测定。

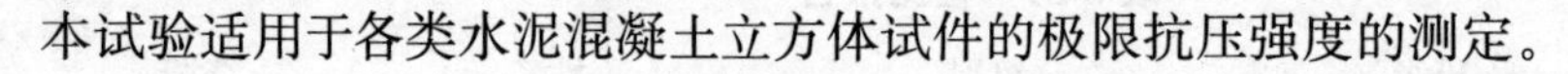

二、仪器设备

(1)压力机或万能试验机（图 3-11）：应符合本模块子任务二中的规定。

图 3-11　压力机

(2)球座：应符合本模块子任务二中的规定。

(3)混凝土强度等级大于或等于C60时，试验机上、下压板之间应各垫一钢垫板，平面尺寸应不小于试件的承压面，其厚度至少为25 mm。钢垫板应机械加工，其平面度允许偏差±0.04 mm；表面硬度大于或等于55 HRC；硬化层厚度约为5 mm。试件周围应设置防崩裂网罩。

三、试件制备与养护

(1)试件制备和养护应符合本模块子任务二中的相关规定。

(2)混凝土抗压强度尺寸应符合本模块子任务二中表3-38的规定。

(3)混凝土立方体抗压强度试件应同龄期者为1组，每组为3个同条件制作和养护的混凝土试块。

四、试验步骤

(1)至试验龄期时，自养护室取出试件，应尽快试验，避免其湿度变化。

(2)取出试件，检查其尺寸及形状，相对两面应平行。量出棱边长度，精确至1 mm。试件受力截面面积按其与压力机上下接触面的平均值计算。在破型前，保持试件原有湿度，在试验时擦干试件。

(3)以成型时侧面为上下受压面，试件中心应与压力机几何对中。

(4)混凝土强度等级小于C30时取0.3～0.5 MPa/s的加荷速度；混凝土强度等级大于或等于C30小于C60时，则取0.5～0.8 MPa/s的加荷速度；混凝土强度等级大于或等于C60时，则取0.8～1.0 MPa/s的加荷速度。当试件接近破坏而开始迅速变形时，应停止调整试验机油门，直至试件破坏，记下破坏极限荷载F。

五、试验结果

(1)混凝土立方体试件抗压强度按式(3-22)计算：

$$f_{cu}=\frac{F}{A} \tag{3-22}$$

式中 f_{cu}——混凝土立方体抗压强度(MPa)；

F——极限荷载(N)；

A——受压面积(mm^2)。

(2)以三个试件测量值的算术平均值为测定值，结果精确至0.1 MPa。三个试件测量值中的最大值或最小值中如有一个与中间值之差超过中间值的15%，则取中间值为测定值；如最大值和最小值与中间值之差均超过中间值的15%，则该组试验结果无效。

(3)当混凝土强度等级小于C60时，用非标准试件的抗压强度应乘以尺寸换算系数(见表3-40)，并应在报告中注明。当混凝土强度等级大于或等于C60时，宜用标准试件，使用非标准试件时，换算系数由试验确定。

表 3-40　立方体抗压强度尺寸换算系数

试件尺寸/mm	尺寸换算系数	试件尺寸/mm	尺寸换算系数
100×100×100	0.95	200×200×200	1.05

六、实训报告

完成项目三模块二的工作任务里面的第三个目标：试验室配合比设计。实训报告见表 3-41。

表 3-41　实训报告

日期：　　　　　　班级：　　　　　　组别：　　　　　　姓名：　　　　　　学号：

实训模块/任务					
实训目的					
主要仪器					
检测项目名称		试验执行标准		试验日期	
设计强度		养护条件		制件日期	
水泥品种及强度等级		粗集料规格		细集料规格	

编号	龄期/d	试件尺寸/mm	受压面积 A/mm²	破坏荷载 F/kN	抗压强度/MPa $f_{cu}=\frac{F}{A}\times 1\,000$		代表值/MPa	备注
					单值	平均值		

纠错与提升：（位置不够，可另行加页）

续表

<table>
<tr><td>实训模块/任务</td><td colspan="2"></td></tr>
<tr><td colspan="3">实训总结：（位置不够，可另行加页）</td></tr>
<tr><td rowspan="4">考核评定</td><td>考核方式</td><td>总评成绩</td></tr>
<tr><td>自评：</td><td rowspan="3"></td></tr>
<tr><td>互评：</td></tr>
<tr><td>教师评：</td></tr>
</table>

任务四　施工配合比计算

一、计算目的

试验室最后确定的配合比，是按干燥状态集料计算的。而施工现场砂、石材料为露天堆放，都有一定的含水率(砂石中的水质量占干燥砂石质量的百分率)。因此，在施工现场应根据现场砂、石的实际含水率的变化，将试验室配合比换算为施工配合比。

二、计算公式

设施工现场实测砂、石含水率分别为 $a\%$、$b\%$，则施工配合比的各种材料单位用量为

水泥　　$m_c = m'_{cb}$

矿物掺合料　　$m_f = m'_{fb}$

砂　　$m_s = m'_{sb}(1+a\%)$

石　　$m_g = m'_{gb}(1+b\%)$

水　　$m_w = m'_{wb} - (m'_{sb} \times a\% + m'_{gb} \times b\%)$

三、结果表示

施工配合比：水泥∶矿物掺合料∶水∶细集料∶粗集料$= m_c : m_f : m_w : m_s : m_g$。

或水泥∶矿物掺合料∶细集料∶粗集料，水胶比$= m_c : m_f : m_s : m_g$，W/B。

四、思考与检测

完成项目三模块二的工作任务里面的第四个目标：施工配合比设计。检测报告见表 3-42。

表 3-42　检测报告

日期：　　　　　　　　班级：　　　　　　　　组别：　　　　　　　　姓名：　　　　　　　　学号：

检测模块/任务	
检测目的	

检测内容：

任务：请对预应力钢筋混凝土箱梁用混凝土进行配合比设计。

原始资料：混凝土设计强度等级为C50，要求拌合物坍落度为90～110 mm，环境等级为一级。

组成材料：

水泥：普通硅酸盐52.5级水泥，密度为3 000 kg/m³，实测强度为56.8 MPa。

外加剂：TL-F萘系高效减水剂，经混凝土试验确定其减水率为13%；经试验外加剂掺量为1.2%。

砂：中砂，级配合格，砂体积密度为2 650 kg/m³，施工现场含水率为3%。

石材：所用石材为碎石，最大公称粒径为40 mm，体积密度为2 720 kg/m³，施工现场含水率为1%。

设计要求：

1. 初步配合比设计。（已完成）
2. 基准配合比设计。（已完成）
3. 试验室配合比设计。（已完成）
4. 施工配合比设计。

答题区：（位置不够，可另行加页）

纠错与提升：（位置不够，可另行加页）

检测总结：（位置不够，可另行加页）

考核评定	考核方式	总评成绩
	自评：	
	互评：	
	教师评：	

附：普通水泥混凝土配合比设计试验记录，见表 3-43。

表 3-43　普通水泥混凝土配合比设计试验记录

试验室名称：　　　　　　　　　　　　　　　　　　记录编号：

委托单位									试验日期					
工程部位/用途									样品编号					
试验依据									试验条件					
样品描述									混凝土种类					
主要仪器设备及编号														
设计强度/MPa			配制强度/MPa			细集料含水率/%		粗集料含水率/%		设计坍落度/mm				
水胶比			单位用水量/kg			单位水泥用量/kg		砂率/%		假定表观密度/(kg·m^{-3})				
基准配比/(kg·m^{-3})	细集料	粗集料	水	水泥	掺合料	外加剂	制件日期			样品编号				
							坍落度/mm		体积密度		7 d抗压强度/MPa		7 d抗压强度/MPa	
试拌/L							棍度		黏聚性		28 d抗压强度/MPa		28 d抗压强度/MPa	
单位比							含砂情况		保水性		抗渗性能			
水胶比增加/(kg·m^{-3})	细集料	粗集料	水	水泥	掺合料	外加剂	制件日期			样品编号				
							坍落度/mm		体积密度		7 d抗压强度/MPa		7 d抗压强度/MPa	
试拌/L							棍度		黏聚性		28 d抗压强度/MPa		28 d抗压强度/MPa	
单位比							含砂情况		保水性		抗渗性能			
水胶比减少(kg·m^{-3})	细集料	粗集料	水	水泥	掺合料	外加剂	制件日期			样品编号				
							坍落度/mm		体积密度		7 d抗压强度/MPa		7 d抗压强度/MPa	
试拌/L							棍度		黏聚性		28 d抗压强度/MPa		28 d抗压强度/MPa	
单位比							含砂情况		保水性		抗渗性能			
备注：														

试验：　　　　　　　　　　　　　　　　复核：　　　　　　　　　　日期：　　　年　　　月　　　日

模块三　普通水泥混凝土配合比设计应用（以抗压强度为指标的设计方法）

【例 3-1】 试设计某桥梁钢筋混凝土 T 形梁用混凝土配合比。

【原始资料】

(1)已知混凝土设计强度等级为 C30，无强度历史统计资料，施工要求混凝土拌合物坍落度为 180～220 mm。桥梁所在地区属非严寒地区。

(2)采用材料：普通硅酸盐水泥 42.5 级，密度 $\rho_c = 3\ 100\ kg/m^3$；中砂，体积密度 $\rho_s = 2\ 650\ kg/m^3$，施工现场含水率为 4%；碎石，最大公称粒径 31.5 mm，体积密度 $\rho_g = 2\ 710\ kg/m^3$，施工现场含水率为 1%；外加剂，经混凝土试验确定其减水率 $\beta =$ 25%，经试验外加剂掺量 $\beta_a = 1.0\%$；粉煤灰为Ⅱ级，体积密度 $\rho_f = 2\ 250\ kg/m^3$，掺量 $\beta_f = 20\%$；水为符合技术要求的河水。

【设计要求】

(1)按所给资料计算出初步配合比。

(2)根据初步配合比，在试验室校核工作性，得出基准配合比。

(3)制作试件，检验强度，得出试验室配合比。

(4)根据施工现场集料含水情况，得出施工配合比。

一、计算初步配合比

1. 确定混凝土的配制强度($f_{cu,0}$)

已知：设计要求混凝土强度为 30 MPa，无强度历史统计资料，查表 3-14 取 $\sigma =$ 5.0 MPa。按式(3-1)计算混凝土配制强度 $f_{cu,0}$ 为

$$f_{cu,0} \geqslant f_{cu,k} + 1.645\sigma = 30 + 1.645 \times 5 = 38.2(MPa)$$

2. 计算水胶比(W/B)

(1)按强度要求计算水胶比。

1)计算水泥 28 d 胶砂抗压强度(f_{ce})。采用普通硅酸盐水泥 42.5 级，即 $f_{ce,g} =$ 42.5 MPa；查表 3-17 得水泥强度等级值的富余系数 $\gamma_c = 1.16$；由式(3-6)得：

$$f_{ce} = \gamma_c . f_{ce,g} = 1.16 \times 42.5 = 49.3(MPa)$$

2)计算胶凝材料 28 d 胶砂抗压强度(f_b)。采用粉煤灰为Ⅱ级，掺量 20%，查表 3-16 得 $\gamma_f = 0.85$，$\gamma_s = 1.00$，由式(3-5)得：

$$f_b = r_f r_s f_{ce} = 0.85 \times 1 \times 49.3 = 41.9(MPa)$$

3)计算水胶比(W/B)。采用的粗集料为碎石，查表 3-15 得 $\alpha_a=0.53$，$\alpha_b=0.20$，由式(3-4)得

$$\frac{W}{B}=\frac{\alpha_a \cdot f_b}{f_{cu,0}+\alpha_a \cdot \alpha_b \cdot f_b}=0.53\times41.9/(38.2+0.53\times0.2\times41.9)=0.52$$

(2)按耐久性校核水胶比。桥梁所处环境条件属于非严寒地区，查表 3-18，环境类别为二 a，查表 3-19，最大水胶比为 0.55，按强度计算出的水胶比为 0.52，符合耐久性要求，故采用计算水胶比 $W/B=0.52$。

3. 确定单位用水量(m_{w0})

题意要求混凝土拌合物坍落度为 180～220 mm，碎石最大公称粒径为 31.5 mm，查表 3-21，未掺外加剂时，以坍落度 90 mm，单位用水量 205 kg 为基础，按每增大 20 mm 坍落度相应增加 5 kg/m³用水量来计算，取题意要求的坍落度范围中值 200 mm，则推出未掺外加剂时，满足实际坍落度要求的每立方米混凝土用水量(m'_{w0})：

$$m'_{w0}=(200-90)/20\times5+205=232(\text{kg/m}^3)$$

经混凝土试验确定外加剂减水率 $\beta=25\%$，由式(3-7)得

$$m_{w0}=m'_{w0}(1-\beta)=232\times(1-25\%)=174(\text{kg/m}^3)$$

4. 计算胶凝材料用量(m_{b0})、矿物掺合料用量(m_{f0})和水泥用量(m_{c0})

(1)计算每立方米混凝土胶凝材料用量(m_{b0})。

1)已经求出 $m_{w0}=174(\text{kg/m}^3)$，$W/B=0.52$，由式(3-9)得：

$$m_{b0}=\frac{m_{w0}}{W/B}=174/0.52=335(\text{kg/m}^3)$$

2)按耐久性要求校核每立方米混凝土胶凝材料用量。题意为钢筋混凝土，根据耐久性要求的最大水胶比为 0.55，查表 3-22，混凝土的最小胶凝材料用量为 300 kg/m³，按强度计算的每立方米混凝土胶凝材料用量为 335 kg/m³，满足耐久性要求。

(2)计算每立方米混凝土粉煤灰用量(m_{f0})。题意中，粉煤灰的掺量 β_f 为 20%，由式(3-10)得：

$$m_{f0}=m_{b0}\beta_f=335\times20\%=67(\text{kg/m}^3)$$

(3)计算每立方米混凝土水泥的用量(m_{c0})，由式(3-11)得：

$$m_{c0}=m_{b0}-m_{f0}=335-67=268(\text{kg/m}^3)$$

5. 确定每立方米混凝土外加剂用量(m_{a0})

经试验外加剂掺量 $\beta_a=1.0\%$，由式(3-8)得：

$$m_{a0}=m_{b0}\beta_a=335\times1.0\%=3.35(\text{kg/m}^3)$$

6. 选定砂率(β_s)

已知，集料采用碎石，最大公称粒径 31.5 mm，水胶比 $W/B=0.52$。以坍落度 10～60 mm为基础，查表 3-23，由内插法求得砂率为 34%。因为题目中坍落度为 180～220 mm，取中值 200 mm，按规定要求，坍落度每增大 20 mm，砂率可增大 1%，则

$$\beta_s=34\%+(200-60)/20\times1\%=41\%$$

7. 计算粗、细集料用量(m_{g0} 、m_{s0})

(1)质量法。已知：每立方米混凝土的水泥用量 $m_{c0}=268\ kg/m^3$，粉煤灰用量 $m_{f0}=67\ kg/m^3$，用水量 $m_{w0}=174\ kg/m^3$，取每立方米混凝土拌合物假定质量 $m_{cp}=2\,400\ kg/m^3$，砂率 $\beta_s=41\%$。由式(3-12)得：

$$\begin{cases} m_{f0}+m_{c0}+m_{g0}+m_{s0}+m_{w0}=m_{cp} \\ \beta_s=\dfrac{m_{s0}}{m_{g0}+m_{s0}}\times 100\% \end{cases}$$

$$\Rightarrow\begin{cases} 67+268+m_{g0}+m_{s0}+174=2\,400 \\ 41\%=\dfrac{m_{s0}}{m_{g0}+m_{s0}}\times 100\% \end{cases}$$

解得：砂的用量为 $m_{s0}=775\ kg/m^3$，碎石的用量为 $m_{g0}=1\,116\ kg/m^3$。

按质量法计算得到初步配合比：

$$m_{c0}:m_{f0}:m_{w0}:m_{s0}:m_{g0}=268:67:174:775:1\,116$$

外加剂：$m_{a0}=3.35\ kg/m^3$

(2)体积法。已知：水泥密度 $\rho_c=3\,100\ kg/m^3$，砂体积密度 $\rho_s=2\,650\ kg/m^3$，碎石体积密度 $\rho_g=2\,710\ kg/m^3$，粉煤灰体积密度 $\rho_f=2\,250\ kg/m^3$，非引气混凝土 $\alpha=1$，每立方米混凝土的水泥用量 $m_{c0}=268\ kg/m^3$，粉煤灰用量 $m_{f0}=67\ kg/m^3$，用水量 $m_{w0}=174\ kg/m^3$，由式(3-13)得：

$$\begin{cases} \dfrac{m_{c0}}{\rho_c}+\dfrac{m_{f0}}{\rho_f}+\dfrac{m_{g0}}{\rho_g}+\dfrac{m_{s0}}{\rho_s}+\dfrac{m_{w0}}{\rho_w}+0.01\alpha=1 \\ \beta_s=\dfrac{m_{s0}}{m_{g0}+m_{s0}}\times 100\% \end{cases}$$

$$\Rightarrow\begin{cases} \dfrac{268}{3\,100}+\dfrac{67}{2\,250}+\dfrac{m_{g0}}{2\,710}+\dfrac{m_{s0}}{2\,650}+\dfrac{174}{1\,000}+0.01\times 1=1 \\ 41\%=\dfrac{m_{s0}}{m_{g0}+m_{s0}}\times 100\% \end{cases}$$

解得：砂的用量为 $m_{s0}=770\ kg/m^3$，碎石的用量为 $m_{g0}=1\,109\ kg/m^3$。

按体积法计算得到初步配合比：

$$m_{c0}:m_{f0}:m_{w0}:m_{s0}:m_{g0}=268:67:174:770:1\,109$$

外加剂：$m_{a0}=3.35\ kg/m^3$

两种方法计算结果相近。

二、调整工作性，提出基准配合比

1. 计算试拌材料用量

按初步配合比(以体积法计算结果为例)试拌 25 L 混凝土拌合物，各种材料用量如下：

水泥　　　　　$268\times 25/1\,000=6.7(kg)$

粉煤灰　　　　$67\times25/1\,000=1.675$(kg)

砂　　　　　　$770\times25/1\,000=19.25$(kg)

碎石　　　　　$1\,109\times25/1\,000=27.725$(kg)

水　　　　　　$174\times25/1\,000=4.35$(kg)

外加剂　　　　$3.35\times25/1\,000=0.084$(kg)

2. 调整工作性

按计算材料用量拌制混凝土拌合物，测定其坍落度为 175 mm，为满足题目给出的施工和易性要求。为此，保持水胶比不变，增加 2%的水和胶凝材料。再重新称量拌制混凝土拌合物，测得坍落度值为 200 mm，黏聚性和保水性也良好，满足施工和易性要求。此时，混凝土拌合物各组成材料实际用量如下：

水泥　　　　　$6.7\times(1+2\%)=6.834$(kg)

粉煤灰　　　　$1.675\times(1+2\%)=1.709$(kg)

砂　　　　　　19.25 kg

碎石　　　　　27.725 kg

水　　　　　　$4.35\times(1+2\%)=4.437$(kg)

外加剂　　　　$(6.834+1.709)\times1\%=0.085\,4$(kg)

3. 提出基准配合比

根据调整工作性后，混凝土拌合物的基准配合比为

$$m_{ca}:m_{fa}:m_{wa}:m_{sa}:m_{ga}=273:68:177:770:1\,109$$

外加剂：$m_{aa}=3.42$ kg/m^3

三、检验强度、确定试验室配合比

1. 检验强度

采用水胶比分别为$(W/B)_A=0.47$，$(W/B)_B=0.52$，$(W/B)_C=0.57$ 拌制三组混凝土拌合物。砂、碎石、水、外加剂质量不变，除基准配合比一组外，其他两组也需要测定坍落度，并观察其黏聚性和保水性，经过测定，和易性满足要求。

按三组配合比经拌制成型，在标准条件下养护 28 d 后，按规定方法测定其立方体抗压强度值，列于表 3-44。

表 3-44　不同水胶比的混凝土强度值

组别	水胶比(W/B)	胶水比(B/W)	28 d 立方体抗压强度 $f_{cu,28}$/MPa
A	0.47	2.13	45.6
B	0.52	1.92	39.8
C	0.57	1.75	34.5

根据表 3-44 的试验结果，绘制混凝土 28 d立方体抗压强度($f_{cu,28}$)与胶水比(B/W)关系图，如图 3-12 所示。

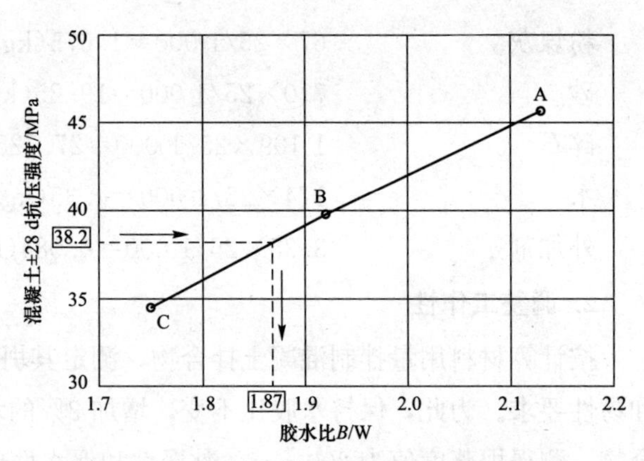

图 3-12　混凝土 28 d 抗压强度与胶水比关系

由图 3-12 可知，对应混凝土配制强度 $f_{cu,28}=38.2$ MPa 的胶水比 $B/W=1.87$，即水胶比为 0.53。

2. 确定试验室配合比

(1)按强度试验结果修正配合比，各材料用量如下：

用水量　$m_{wb}=177\ kg/m^3$

胶凝材料用量　$m_{bb}=177/0.53=334(kg/m^3)$

粉煤灰用量　$m_{fb}=334\times20\%=67(kg/m^3)$

水泥用量　$m_{cb}=334-67=267(kg/m^3)$

外加剂用量　$m_{ab}=334\times1\%=3.34(kg/m^3)$

砂、石用量按体积法：

$$\begin{cases}\dfrac{267}{3\,100}+\dfrac{67}{2\,250}+\dfrac{177}{1\,000}+\dfrac{m_{sb}}{2\,650}+\dfrac{m_{gb}}{2\,710}+0.01\times1=1\\ \dfrac{m_{sb}}{m_{sb}+m_{gb}}\times100\%=41\%\end{cases}$$

解得砂用量 $m_{sb}=767\ kg/m^3$，碎石用量 $m_{gb}=1\,104\ kg/m^3$

修正后的配合比：

$$m_{cb}:m_{fb}:m_{wb}:m_{sb}:m_{gb}=267:67:177:767:1\,104$$

外加剂用量：$m_{ab}=3.34\ kg/m^3$

(2)根据实测混凝土拌合物体积密度校正配合比。

计算混凝土拌合物体积密度：

$$\rho_{c,c}=267+67+177+767+1\,104+3.34=2\,385(kg/m^3)$$

实测混凝土拌合物体积密度：

$$\rho_{c,t}=2\,430\ kg/m^3$$

修正系数：

$$\delta=\rho_{c,t}/\rho_{c,c}=2\,430/2\,385=1.019$$

因为混凝土拌合物体积密度实测值与计算值之差的绝对值不超过计算值的 2%(为 1.9%)，则配合比不需要用修正系数 δ 进行 $m_{cb}:m_{fb}:m_{wb}:m_{sb}:m_{gb}=267:67:177:767:1\,104$ 校正，即最终试验室配合比。

四、换算施工配合比

根据工地实测，砂的含水率为 4%，碎石的含水率为 1%。每立方米混凝土拌合物的实际材料用量如下：

水泥用量 $m_c=267\ kg/m^3$

粉煤灰用量 $m_f=67\ kg/m^3$

砂用量 $m_s=767\times(1+4\%)=798(kg/m^3)$

碎石用量 $m_g=1\ 104\times(1+1\%)=1\ 115(kg/m^3)$

用水量 $m_w=177-(767\times4\%+1\ 104\times1\%)=135(kg/m^3)$

外加剂用量 $m_{ab}=3.34\ kg/m^3$

施工配合比：$m_c:m_f:m_w:m_s:m_g=267:67:135:798:1\ 115$。

五、思考与检测

检测报告见表 3-45。

表 3-45 检测报告

日期： 班级： 组别： 姓名： 学号：

检测模块/任务	
检测目的	

任务一：请对预应力钢筋混凝土箱梁用混凝土进行配合比设计。

原始资料：混凝土设计强度等级为 C50，要求拌合物坍落度为 90～110 mm，环境等级为一级。

组成材料：

水泥：普通硅酸盐 52.5 级水泥，密度为 3 000 kg/m³，实测强度为 56.8 MPa。

外加剂：TL-F 萘系高效减水剂，经混凝土试验确定其减水率为 13%；经试验外加剂掺量为 1.2%。

砂：中砂，级配合格，砂体积密度为 2 650 kg/m³，施工现场含水率为 3%。

石材：所用石材为碎石，最大公称粒径为 40 mm，体积密度为 2 720 kg/m³，施工现场含水率为 1%。

任务要求：根据项目三给出的以上任务和完成的分解目标，请同学们进行汇总计算，完整设计出用于施工的混凝土配合比。

任务二：请设计某桥梁工程中桥台用钢筋混凝土的配合比。

原始资料：混凝土设计强度等级为 C30，要求拌合物坍落度为 30～50 mm，桥梁所在地区属寒冷地区。

组成材料：

水泥：普通硅酸盐 42.5 级水泥，密度为 $\rho_c=3\ 100\ kg/m^3$，水泥 28 d 胶砂抗压强度实测值为 44.5 MPa。

砂：中砂，级配合格，砂体积密度为 $\rho_s=2\ 650\ kg/m^3$，施工现场含水率为 3%。

石材：所用石材为碎石，最大公称粒径为 31.5 mm，体积密度为 $\rho_c=2\ 700\ kg/m^3$，施工现场含水率为 1%。

粉煤灰：粉煤灰为Ⅱ级，体积密度 $\rho_f=2\ 200\ kg/m^3$，掺量 $\beta_f=20\%$。

水：水为符合技术要求的河水。

任务要求：

1. 根据资料计算初步配合比。
2. 根据初步配合比在试验室进行混合料调整，计算试验室配合比。
3. 根据提供的现场材料含水率换算施工配合比。

续表

<table>
<tr><td>检测模块/任务</td><td colspan="3"></td></tr>
<tr><td colspan="4">答题区：（位置不够，可另行加页）</td></tr>
<tr><td colspan="4">纠错与提升：（位置不够，可另行加页）</td></tr>
<tr><td colspan="4">检测总结：（位置不够，可另行加页）</td></tr>
<tr><td rowspan="4">考核评定</td><td>考核方式</td><td colspan="2">总评成绩</td></tr>
<tr><td>自评：</td><td rowspan="3" colspan="2"></td></tr>
<tr><td>互评：</td></tr>
<tr><td>教师评：</td></tr>
</table>

模块四　路面水泥混凝土配合比设计与应用

工作任务：请设计某中等交通二级公路路面水泥混凝土(无抗冻性要求)的配合比设计。

【设计资料】

(1)路面水泥混凝土的设计弯拉强度标准值 f_r 为 4.5 MPa，施工单位混凝土弯拉强度标准差 s 为 0.5(样本 $n=6$)，现场采用三辊轴机组摊铺，施工要求坍落度为 20～40 mm。

(2)组成材料：水泥为Ⅱ型硅酸盐水泥，强度等级为 42.5 级，实测水泥 28 d 抗折强度为 7.83 MPa，密度 $\rho_c=3\ 100\ kg/m^3$；碎石用一级石灰岩轧制，最大粒径为 31.5 mm，表观密度 $\rho_g=2\ 650\ kg/m^3$，振实密度 $\rho_{gh}=1\ 630\ kg/m^3$；砂为清洁河砂，细度模数为 2.7，表观密度 $\rho_s=2\ 580\ kg/m^3$；水为饮用水，符合混凝土拌合用水要求。掺加 $\beta_a=0.5\%$的减水剂，减水率为 $\beta_{ad}=12\%$。

【设计要求】

计算该路面水泥混凝土的目标配合比。

为了完成以上工作任务，根据实际工作过程，将工作任务解构为按一定逻辑关系组合的多个子任务，按任务实际工作过程重构序化为学习工作过程进行学习。

路面水泥混凝土是指满足混凝土路面摊铺工作性(和易性)、弯拉强度、耐久性与经济性要求的水泥混凝土材料。各级公路面层水泥混凝土配合比设计宜采用正交试验法；二级及二级以下公路可采用经验公式法。混凝土配合比设计包括目标配合比设计和施工配合比设计两个阶段，本书主要介绍目标配合比设计。

任务一　目标配合比设计

一、配制弯拉强度(f_c)

面层水泥混凝土配制 28 d 弯拉强度均值 f_c 按式(3-23)计算。

$$f_c=\frac{f_r}{1-1.04\ C_v}+t\cdot s \tag{3-23}$$

式中 f_r——混凝土的设计弯拉强度标准值(MPa)，按设计确定，且不低于表 3-46 的规定；

t——保证率系数，按表 3-47 取值；

s——弯拉强度试验样本的标准差(MPa)，有试验数据时应使用试验样本的标准差；无试验数据时可按公路等级及设计弯拉强度，参考表 3-48 规定的范围确定；

C_v——混凝土弯拉强度变异系数，应按照统计数据取值，小于 0.05 时取 0.05；无统计数据时，可在表 3-49 的规定范围内取值，其中高速公路、一级公路变异水平应为低，二级公路变异水平应不低于中。

表 3-46　路面水泥混凝土弯拉强度标准值

交通荷载等级	极重、特重、重	中等	轻
水泥混凝土弯拉强度标准值/MPa	≥5.0	4.5	4.0

表 3-47　保证率系数 *t*

公路等级	判别概率 *p*	样本数 *n*/组			
		6～8	9～14	15～19	20
高速	0.05	0.79	0.61	0.45	0.39
一级	0.10	0.59	0.46	0.35	0.30
二级	0.15	0.46	0.37	0.28	0.24
三、四级	0.20	0.37	0.29	0.22	0.19

表 3-48　各级公路水泥混凝土面层弯拉强度试验样本的标准差 *s*

公路等级	高速	一级	二级	三级	四级
目标可靠度/%	95	90	85	80	70
目标可靠指标	1.64	1.28	1.04	0.84	0.52
样本的标准差 *s*/MPa	$0.25 \leqslant s \leqslant 0.50$		$0.45 \leqslant s \leqslant 0.67$	$0.40 \leqslant s \leqslant 0.80$	

表 3-49　变异系数 C_v 的范围

弯拉强度变异水平等级	低	中	高
弯拉强度变异系数允许范围	$0.05 \leqslant C_v \leqslant 0.10$	$0.10 \leqslant C_v \leqslant 0.15$	$0.15 \leqslant C_v \leqslant 0.20$

二、二级及二级以下公路采用经验公式法时，可按下列规定进行

1. 计算水灰比(W/C)

无掺合料时，可按式(3-24)和式(3-25)计算。

碎石或破碎卵石混凝土：

$$\frac{W}{C}=\frac{1.5684}{f_c+1.0097-0.3595f_s} \tag{3-24}$$

卵石混凝土：

$$\frac{W}{C}=\frac{1.2618}{f_c+1.5492-0.4709f_s} \tag{3-25}$$

式中　f_c——面层水泥混凝土配制 28 d 弯拉强度的均值(MPa)；

f_s——实测水泥 28 d 抗折强度(MPa)。

2. 计算水胶比(W/B)

水胶比中的胶是指水泥与矿物掺合料(粉煤灰、硅灰、矿渣粉等)质量之和，即胶凝材

料，如果矿物掺合料作为胶凝材料的一部分，应计入超量取代法中代替水泥的那一部分掺合料用量计算水胶比，代替砂的超量部分不计入。

计算出的水灰比 W/C 或水胶比 W/B，需要按照路面混凝土的使用环境、道路等级查表 3-50，通过耐久性校核，得到满足耐久性要求的最大水灰比或水胶比，计算的水灰比或水胶比大于表 3-50 的规定时，应按照表 3-50 取值。

表 3-50　各级公路面层水泥混凝土最大水灰(胶)比和最小单位水泥用量

公路等级		高速、一级	二级	三、四级
最大水灰(胶)比		0.44	0.46	0.48
有抗冰冻要求时最大水灰(胶)比		0.42	0.44	0.46
有抗盐冻要求时最大水灰(胶)比①		0.40	0.42	0.44
最小单位水泥用量/($kg \cdot m^{-1}$)	52.5 级	300	300	290
	42.5 级	310	310	300
	32.5 级	—	—	315
有抗冰冻、抗盐冻要求时最小单位水泥用量/($kg \cdot m^{-3}$)	52.5 级	310	310	300
	42.5 级	320	320	315
	32.5 级	—	—	325
掺粉煤灰时最小单位水泥用量/($kg \cdot m^{-2}$)	52.5 级	250	250	245
	42.5 级	260	260	255
	32.5 级	—	—	265
有抗冰冻、抗盐冻要求时掺粉煤灰混凝土最小单位水泥用量/($kg \cdot m^{-3}$)②	52.5 级	265	260	255
	42.5 级	280	270	265

注：①在除冰盐、海风、酸雨或硫酸盐等腐蚀性环境中，或在大纵坡等加减速车道上的混凝土，最大水灰(胶)比可比表中数值降低 0.01～0.02。

②掺粉煤灰，并有抗冻性、抗盐冻要求时，面层不应使用 32.5 级水泥。

3. 选取砂率(β_s)

根据砂的细度模数和粗集料品种，查表 3-51 选取最优砂率 β_s。

表 3-51　水泥混凝土的砂率

砂的细度模数		2.2～2.5	2.5～2.8	2.8～3.1	3.1～3.4	3.4～3.7
砂率 β_s/%	碎石混凝土	30～34	32～36	34～38	36～40	38～42
	卵石混凝土	28～32	30～34	32～36	34～38	36～40

注：1. 相同细度模数时，机制砂的砂率宜偏低限取用。

2. 破碎卵石可在碎石和卵石混凝土之间内插取值。

4. 确定单位用水量(m_{w0})

(1)不掺外加剂时混凝土单位用水量计算。单位用水量根据选定坍落度、粗集料品种、砂率及水胶比，按照经验式计算，其中砂石材料质量以自然风干状态计。

碎石：

$$m_{w0}=104.97+0.309\ S_L+11.27(C/W)+0.61\beta_s \tag{3-26}$$

卵石：

$$m_{w0}=86.89+0.370\ S_L+11.24(C/W)+1.00\beta_s \tag{3-27}$$

式中　m_{w0}——不掺外加剂时混凝土的单位用水量(kg/m³)；

β_s——砂率(%)；

S_L——坍落度(mm)；

C/W——胶水比。

(2)掺外加剂时混凝土单位用水量计算。

$$m_{w,ad}=m_{w0}(1-\beta_{ad}) \tag{3-28}$$

式中　$m_{w,ad}$——掺外加剂时混凝土的单位用水量(kg/m³)；

β_{ad}——所用外加剂剂量实测减水率(%)。

计算单位用水量大于表 3-52 最大用水量的规定时，应通过采用减水率更高的外加剂降低单位用水量。

表 3-52　面层水泥混凝土最大单位用水量　kg/m³

施工工艺	碎石混凝土	卵石混凝土
滑膜摊铺机摊铺	160	155
三辊轴机组摊铺	153	148
小型机具摊铺	150	145
注：破碎卵石混凝土最大单位用水量可在碎石和卵石混凝土之间内插取值。		

5. 确定单位水泥用量(m_{c0})

单位水泥用量 m_{c0} 按照式(3-29)计算，根据道路等级和环境条件，查表 3-50，得到满足耐久性要求的最小水泥用量。计算结果小于表 3-50 规定值时，应取表 3-50 的规定值。

$$m_{c0}=m_{w0}\times(C/W) \tag{3-29}$$

式中　m_{c0}——单位水泥用量(kg/m³)；

m_{w0}——单位用水量(kg/m³)；

C/W——混凝土的胶水比。

6. 计算粗、细集料用量(m_{g0})和(m_{s0})

粗、细集料用量可按质量法或体积法计算。按质量法计算时，混凝土单位质量可取 2 400～2 450 kg/m³；按体积法计算时，应计入设计含气量。

7. 验算单位粗集料填充体积率

经计算得到的配合比应验算单位粗集料填充体积率，且不宜小于 70%。

8. 计算单位粉煤灰用量

路面水泥混凝土中掺用粉煤灰时，其配合比应按照超量取代法进行，取代水泥的部分应扣除等量水泥量；粉煤灰的超量部分应代替砂，并折减用砂量。Ⅰ、Ⅱ级粉煤灰的超量取代系数可按表3-53初选。粉煤灰代替水泥的最大掺量：Ⅰ型硅酸盐水泥≤30%；Ⅱ型硅酸盐水泥≤25%；道路水泥≤20%；普通水泥≤15%；矿渣水泥不得掺粉煤灰。

表3-53　各级粉煤灰的超量取代系数

粉煤灰等级	Ⅰ	Ⅱ	Ⅲ
超量取代系数 k	1.1～1.4	1.3～1.7	1.5～2.0

混凝土的目标配合比确定后，应对该配合比进行试配、调整，确定其施工配合比，有关方法与本书项目三中模块二普通混凝土配合比设计方法相同，这里不再赘述。

三、思考与检测

检测报告见表3-54。

表3-54　检测报告

日期：　　　　班级：　　　　组别：　　　　姓名：　　　　学号：

<table>
<tr><td>检测模块/任务</td><td colspan="2"></td></tr>
<tr><td>检测目的</td><td colspan="2"></td></tr>
<tr><td colspan="3">检测内容：
1. 路面水泥混凝土应用满足什么要求的水泥混凝土材料？
2. 路面水泥混凝土配合比设计包括哪两个阶段？
3. 路面水泥混凝土配合比设计一般采用什么方法？
4. 简述目标配合比设计步骤。
5. 计算出水灰(胶)比之后，应该注意什么问题？
6. 怎样确定单位用水量？应该注意什么？</td></tr>
<tr><td colspan="3">答题区：(位置不够，可另行加页)</td></tr>
<tr><td colspan="3">纠错与提升：(位置不够，可另行加页)</td></tr>
<tr><td colspan="3">检测总结：(位置不够，可另行加页)</td></tr>
<tr><td rowspan="4">考核评定</td><td>考核方式</td><td>总评成绩</td></tr>
<tr><td>自评：</td><td rowspan="3"></td></tr>
<tr><td>互评：</td></tr>
<tr><td>教师评：</td></tr>
</table>

任务二　路面水泥混凝土配合比设计应用
（以弯拉强度为设计指标的设计方法）

理解了混凝土的目标配合比后，现在请完成模块四给出的工作任务。

【例 3-2】 请设计某中等交通二级公路路面水泥混凝土(无抗冻性要求)的配合比设计。

【设计资料】

(1)路面水泥混凝土的设计弯拉强度标准值 f_r 为 4.5 MPa，施工单位混凝土弯拉强度标准差 s 为 0.5(样本 $n=6$)，现场采用三辊轴机组摊铺，施工要求坍落度为 20～40 mm。

(2)组成材料：水泥为Ⅱ型硅酸盐水泥，强度等级为 42.5 级，实测水泥 28 d 抗折强度为 7.83 MPa，密度 $\rho_c=3\ 100\ kg/m^3$；碎石用一级石灰岩轧制，最大粒径为 31.5 mm，表观密度 $\rho_g=2\ 650\ kg/m^3$，振实密度 $\rho_{gh}=1\ 630\ kg/m^3$；砂为清洁河砂，细度模数为 2.7，表观密度 $\rho_s=2\ 580\ kg/m^3$；水为饮用水，符合混凝土拌合用水要求。掺加 $\beta_a=0.5\%$ 的减水剂，减水率为 $\beta_{ad}=12\%$。

【设计要求】

计算该路面水泥混凝土的目标配合比。

一、计算步骤

1. 计算配制弯拉强度(f_c)

由表 3-47 可知，当某中等交通二级公路面层水泥混凝土样本数为 6 时，保证率系数为 0.46。按照表 3-49，二级公路变异水平应不低于“中”，混凝土弯拉强度变异系数 $0.10\leqslant C_v\leqslant 0.15$，取中值 0.125。根据设计要求，$f_r=4.5$ MPa，将以上参数带入式(3-23)，混凝土配制弯拉强度为

$$f_c=\frac{f_r}{1-1.04\,C_v}+ts=\frac{4.5}{1-1.04\times 0.125}+0.46\times 0.5=5.40(\text{MPa})$$

2. 确定水胶比(W/C)

按弯拉强度计算水胶比。由所给资料可知：水泥实测抗折强度 $f_s=7.83$ MPa，计算得到的混凝土配制弯拉强度 $f_c=5.40$ MPa，粗集料为碎石，代入式(3-24)计算混凝土的水胶比：

$$\frac{W}{C}=\frac{1.568\ 4}{f_c+1.009\ 7-0.359\ 5\ f_s}=\frac{1.568\ 4}{5.40+1.009\ 7-0.359\ 5\times 7.83}=0.44$$

经耐久性校核，混凝土为二级公路路面所用，无抗冻性要求，查表 3-50，得出最大水胶比为 0.46，故按照强度计算的水胶比结果符合耐久性要求，取水胶比 $W/C=0.44$，胶水比 $C/W=2.27$。

3. 确定砂率(β_s)

砂的细度模数为 2.7，粗集料采用碎石，查表 3-51，取混凝土砂率 $\beta_s=35\%$。

4. 确定单位用水量(m_{w0})

(1)由坍落度 S_L 要求 20～40 mm，取 30 mm，胶水比 C/W＝2.27，砂率 35%，代入式(3-26)计算单位用水量。

$$m_{w0}=104.97+0.309\ S_L+11.27(C/W)+0.61\beta_s$$
$$=104.97+0.309\times30+11.27\times2.27+0.61\times35=161(kg/m^3)$$

查表 3-52 得出最大单位用水量为 153 kg/m³，故计算单位用水量 161 kg/m³大于最大单位用水量，应掺加水泥质量的 0.5%的减水剂降低单位用水量。减水剂的实测减水率为 12%。

(2)掺减水剂的混凝土单位用水量，按式(3-28)计算。

$$m_{w,ad}=m_{w0}(1-\beta_{ad})=161\times(1-12\%)=142(kg/m^3)$$

5. 确定单位水泥用量(m_{c0})

将单位用水量 142 kg/m³，胶水比 C/W＝2.27，代入式(3-29)计算单位水泥用量：

$$m_{c0}=m_{w0}\times(C/W)=142\times2.27=322(kg/m^3)$$

查表 3-50 得出满足耐久性要求的最小水泥用量为 310 kg/m³，由此取计算水泥用量322 kg/m³。

6. 计算减水剂掺量(m_{a0})

$$m_{a0}=m_{c0}.\beta_a=322\times0.5\%=1.6(kg/m^3)$$

7. 计算粗、细集料用量(m_{g0}、m_{s0})

将上面的计算结果及已知条件代入式(3-13)得：

$$\begin{cases}\dfrac{322}{3\ 100}+\dfrac{m_{g0}}{2\ 650}+\dfrac{m_{s0}}{2\ 580}+\dfrac{142}{1\ 000}+0.01\times1=1\\[2ex]\dfrac{m_{s0}}{m_{g0}+m_{s0}}\times100\%=35\%\end{cases}$$

解得砂用量 m_{s0}＝684 kg/m³；碎石用量 m_{g0}＝1 269 kg/m³。

8. 验算

碎石的填充体积率$=\dfrac{m_{g0}}{\rho_{gh}}\times100\%=\dfrac{1\ 269}{1\ 630}\times100\%=77.9\%$，大于 70%，符合要求。

由此确定路面混凝土的“目标配合比”：$m_{c0}:m_{w0}:m_{s0}:m_{g0}$＝322∶142∶684∶1 269。

二、思考与检测

检测报告见表 3-55。

表 3-55　检测报告

日期：　　　　班级：　　　　组别：　　　　姓名：　　　　学号：

检测模块/任务	
检测目的	

续表

<table>
<tr><td>检测模块/任务</td><td colspan="2"></td></tr>
<tr><td colspan="3">检测内容：
根据任务一、任务二的方法，完成以下工作任务：
请设计某中等交通二级公路路面水泥混凝土(无抗冻性要求)的目标配合比设计。
【设计资料】
1. 要求路面水泥混凝土的设计弯拉强度标准值 f_r 为 5.0 MPa，施工单位混凝土弯拉强度样本标准差 s 为 0.5 MPa (n=6)，现场采用滑模摊铺机摊铺，施工要求坍落度为 30～50 mm。
2. 组成材料：硅酸盐水泥，强度为 42.5 级，实测水泥 28 d 抗折强度为 8.3 MPa，密度 ρ_c=3 100 kg/m^3；碎石：4.75～31.5 mm，表观密度 ρ_g=2 700 kg/m^3，振实密度 ρ_{gh}=1 701 kg/m^3；中砂：细度模数为 2.6，表观密度 ρ_s=2 630 kg/m^3；水：自来水。
【设计要求】
计算该路面水泥混凝土的目标配合比。</td></tr>
<tr><td colspan="3">答题区：(位置不够，可另行加页)</td></tr>
<tr><td colspan="3">纠错与提升：(位置不够，可另行加页)</td></tr>
<tr><td colspan="3">检测总结：(位置不够，可另行加页)</td></tr>
<tr><td rowspan="4">考核评定</td><td>考核方式</td><td>总评成绩</td></tr>
<tr><td>自评：</td><td rowspan="3"></td></tr>
<tr><td>互评：</td></tr>
<tr><td>教师评：</td></tr>
</table>

任务三　水泥混凝土抗弯拉强度试验

在进行试配、调整，确定其施工配合比时，需要对混凝土进行抗弯拉强度(抗折)试验，从而采集所需数据，试验过程如下。

一、目的、适用范围和引用标准

本试验规定了测定水泥混凝土抗弯拉强度的方法，以提供设计参数，检查混凝土施工品质和确定抗弯拉弹性模量试验加荷标准。

本方法适用于各类水泥混凝土棱柱体试件。

引用标准：

(1)《试验机通用技术要求》(GB/T 2611—2007)；

(2)《液压式万能试验机》(GB/T 3159—2008)；

(3)《水泥混凝土试件制作与硬化水泥混凝土现场取样方法》(T 0551—2020)。

二、仪器设备

(1)压力机或万能试验机：应符合本项目模块二任务三子任务二中的规定。

(2)抗弯拉试验装置(即三分点处双点加荷和三点自由支承式混凝土抗弯拉强度与抗弯拉弹性模量试验装置)：如图 3-13 所示。

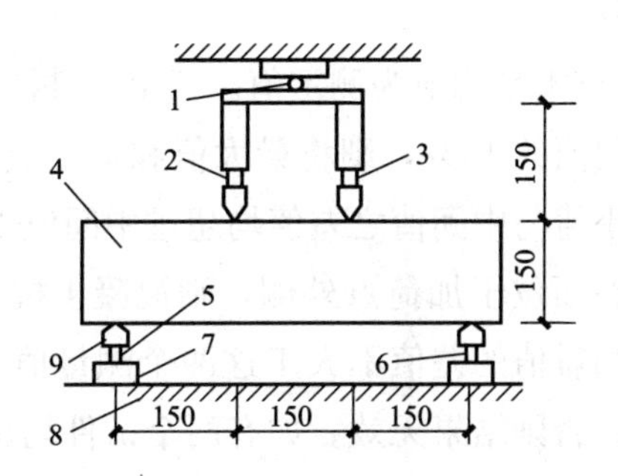

图 3-13　抗弯拉试验装置

1，2，6—一个钢球；3，5—二个钢球；4—试件；7—活动支座；8—机台；9—活动船形垫块

三、试件制备和养护

(1)试件尺寸应符合表 3-38 的规定，同时在试件长向中部 1/3 区段内表面不得有直径超过 5 mm、深度超过 2 mm 的孔洞。

(2)混凝土抗弯拉强度试件应以同龄期者为 1 组，每组为 3 根同条件制作和养护的试件。

四、试验步骤

(1)试件取出后，用湿毛巾覆盖并及时进行试验，保持试件干湿状态不变。在试件中部量出其宽度和高度，精确至 1 mm。

(2)调整两个可移动支座，将试件安放在支座上，试件成型时的侧面朝上，几何对中后，应使支座及承压面与活动船形垫块的接触面平稳、均匀，否则应垫平。

(3)加荷时，应保持均匀、连续。当混凝土的强度等级小于 C30 时，加荷速度为 0.02～0.05 MPa/s；当混凝土的强度等级大于或等于 C30 且小于 C60 时，加荷速度为 0.05～0.08 MPa/s；当混凝土的强度等级大于或等于 C60 时，加荷速度为 0.08～0.10 MPa/s。当试件接近破坏而开始迅速变形时，不得调整试验机油门，直至试件破坏，记下破坏极限荷载 F。

(4)记录下最大荷载和试件下边缘断裂的位置。

五、试验结果

(1)当断裂面发生在两个加荷点之间时，抗弯拉强度 f_f 按式(3-30)计算：

$$f_f=\frac{FL}{bh^2} \tag{3-30}$$

式中 f_f——抗弯拉强度(MPa)；

F——极限荷载(N)；

L——支座间距离(mm)；

b——试件宽度(mm)；

h——试件高度(mm)。

结果计算精确至 0.01 MPa。

(2)以三个试件测量值的算术平均值为测定值。三个试件测量值的最大值或最小值中如有一个与中间值之差超过中间值的 15%，则将最大值和最小值舍去，以中间值作为试件的抗弯拉强度；如最大值和最小值与中间值之差值均超过中间值 15%，则该组试验结果无效。

三个试件中如有一个断裂面位于加荷点外侧，则混凝土抗弯拉强度按另外两个试件的试验结果计算。如果这两个测量值的差值不大于这两个测量值中较小值的 15%，则以两个测量值的平均值为测试结果，否则结果无效。如有两个试件均出现断裂面位于加荷点外侧，则该组试件结果无效。

注：断面位置在试件断块短边一侧的底面中轴线上量得。

(3)采用 100 mm×100 mm×400 mm 非标准试件时，在三分点加荷的试验方法同前，但所取得的抗弯拉强度值应乘以尺寸换算系数 0.85。当混凝土强度等级大于或等于 C60 时，应采用标准试件。

六、试验报告

试验报告应包括以下内容：

(1)要求检测的项目名称、执行标准；

(2)原材料的品种、规格和产地；

(3)试验日期及时间；

(4)仪器设备的名称、型号及编号；

(5)环境温度和湿度；

(6)水泥混凝土抗弯拉强度值；

(7)要说明的其他内容。

七、实训报告

实训报告见表 3-56。

表 3-56　实训报告

日期：　　　　　　　　　　班级：　　　　　　　　组别：　　　　　　　　姓名：　　　　　　　学号：

<table>
<tr><td colspan="2">实训模块/任务</td><td colspan="8"></td></tr>
<tr><td colspan="2">实训目的</td><td colspan="8"></td></tr>
<tr><td colspan="2">仪器设备名称、
型号及编号</td><td colspan="8"></td></tr>
<tr><td colspan="2">检测项目名称</td><td colspan="2"></td><td>试验执行标准</td><td></td><td colspan="2">试验日期及时间</td><td colspan="2"></td></tr>
<tr><td colspan="2">设计抗弯拉强度</td><td colspan="2"></td><td>龄期/d</td><td></td><td colspan="2">制件日期</td><td colspan="2"></td></tr>
<tr><td colspan="2">试件尺寸/mm</td><td colspan="2"></td><td>养护条件</td><td></td><td colspan="2">环境温度、湿度</td><td colspan="2"></td></tr>
<tr><td rowspan="2">试件编号</td><td rowspan="2">支座间跨度 L/mm</td><td rowspan="2">截面宽度 b/mm</td><td rowspan="2">截面高度 h/mm</td><td rowspan="2">破坏荷载 F/kN</td><td rowspan="2">断面与邻近支点距离 x/mm</td><td colspan="2">抗压强度/MPa $f_f=\frac{FL}{bh^2}$</td><td colspan="2" rowspan="2">抗弯拉强度代表值/MPa</td></tr>
<tr><td>单值</td><td>平均值</td></tr>
<tr><td rowspan="3"></td><td rowspan="3"></td><td rowspan="3"></td><td rowspan="3"></td><td></td><td></td><td></td><td rowspan="3"></td><td colspan="2" rowspan="3"></td></tr>
<tr><td></td><td></td><td></td></tr>
<tr><td></td><td></td><td></td></tr>
<tr><td rowspan="3"></td><td rowspan="3"></td><td rowspan="3"></td><td rowspan="3"></td><td></td><td></td><td></td><td rowspan="3"></td><td colspan="2" rowspan="3"></td></tr>
<tr><td></td><td></td><td></td></tr>
<tr><td></td><td></td><td></td></tr>
<tr><td rowspan="3"></td><td rowspan="3"></td><td rowspan="3"></td><td rowspan="3"></td><td></td><td></td><td></td><td rowspan="3"></td><td colspan="2" rowspan="3"></td></tr>
<tr><td></td><td></td><td></td></tr>
<tr><td></td><td></td><td></td></tr>
<tr><td rowspan="3"></td><td rowspan="3"></td><td rowspan="3"></td><td rowspan="3"></td><td></td><td></td><td></td><td rowspan="3"></td><td colspan="2" rowspan="3"></td></tr>
<tr><td></td><td></td><td></td></tr>
<tr><td></td><td></td><td></td></tr>
<tr><td colspan="10">纠错与提升：（位置不够，可另行加页）</td></tr>
<tr><td colspan="10">实训总结：（位置不够，可另行加页）</td></tr>
<tr><td rowspan="4" colspan="2">考核评定</td><td colspan="4">考核方式</td><td colspan="4">总评成绩</td></tr>
<tr><td colspan="4">自评：</td><td colspan="4" rowspan="3"></td></tr>
<tr><td colspan="4">互评：</td></tr>
<tr><td colspan="4">教师评：</td></tr>
</table>

项目四　砂浆配合比设计与应用

学习目标

1. 知识目标

(1)掌握不同配合比阶段的流程及计算；

(2)掌握不同配合比阶段所需试验。

2. 技能目标

能根据工程实际，进行水泥砂浆配合比设计。

3. 素质目标

(1)培养善于思考、科学严谨的思维模式和执行能力；

(2)培养善于沟通、团队协作的互助能力。

技术标准

(1)《普通混凝土用砂、石质量及检验方法标准》(JGJ 52—2006)；

(2)《混凝土用水标准》(JGJ 63—2006)；

(3)《建筑砂浆基本性能试验方法标准》(JGJ/T 70—2009)；

(4)《通用硅酸盐水泥》(GB 175—2007)；

(5)《建设用砂》(GB/T 14684—2011)。

试验规程

(1)《砌筑砂浆配合比设计规程》(JGJ/T 98—2010)；

(2)《建筑砂浆基本性能试验方法标准》(JGJ/T 70—2009)；

(3)《公路工程水泥及水泥混凝土试验规程》(JTG 3420—2020)；

(4)《公路工程集料试验规程》(JTG E 42—2005)。

项目四　任务单

<table>
<tr><td>任务名称</td><td>水泥砂浆配合比设计</td><td>上课地点</td><td>水泥混凝土试验室</td><td>建议学时</td><td>4</td></tr>
<tr><td>任务目的</td><td colspan="5">确保砌筑砂浆的技术条件满足设计和施工要求，保证质量，经济合理</td></tr>
<tr><td>适用范围</td><td colspan="5">适用于工业与民用建筑及一般构筑物中所采用的砌筑砂浆的配合比设计</td></tr>
<tr><td rowspan="2">任务目标</td><td colspan="5">知识目标：
1. 理解水泥砂浆的原材料性能、砂浆技术要求和试验原理；
2. 掌握水泥砂浆配合比设计的检验依据、步骤和要点；
3. 掌握水泥砂浆稠度、保水率、抗压强度的试验及评定方法；
4. 了解水泥砂浆配合比设计试验时可能发生的安全隐患与安全要求</td></tr>
<tr><td colspan="5">能力目标：
1. 能够根据水泥砂浆配合比设计的程序，正确计算砂浆配合比设计与应用；
2. 能够正确填写水泥砂浆强度检验记录表；
3. 能够正确计算并评定水泥砂浆抗压强度和抗折强度</td></tr>
<tr><td>任务要求</td><td colspan="5">1. 以小组为单位开展检测，每组 6 人；
2. 能正确使用、整理仪器设备，不故意损坏；
3. 按规范要求完成检验过程，认真准确填写检验记录；
4. 根据检验数据正确计算并评定水泥砂浆抗压强度和抗折强度</td></tr>
<tr><td>安全、卫生要求</td><td colspan="5">1. 检查压力试验机、抗折试验机电气部分是否绝缘良好；
2. 注意压力试验机预热要求；
3. 应保持工作场地清洁，设备使用后应清扫仪器上碎屑和脏物</td></tr>
<tr><td rowspan="9">仪器设备</td><td>序号</td><td>名称</td><td>规格型号</td><td>数量</td><td>使用要求与要点</td></tr>
<tr><td>1</td><td>压力试验机</td><td>300 kN</td><td>1</td><td>接通电源机器是否运转正常</td></tr>
<tr><td>2</td><td>抗折试验机</td><td>5 000 N</td><td>1</td><td>检查电气绝缘情况</td></tr>
<tr><td>3</td><td>抗压夹具</td><td>40×40</td><td>1</td><td>防撞、防摔</td></tr>
<tr><td>4</td><td>试样盘</td><td></td><td>1</td><td>防撞、轻拿轻放</td></tr>
<tr><td>5</td><td>毛刷</td><td></td><td>1</td><td></td></tr>
<tr><td>6</td><td>钢板尺</td><td>20 cm</td><td>1</td><td>防撞、轻拿轻放</td></tr>
<tr><td></td><td></td><td></td><td></td><td></td></tr>
<tr><td></td><td></td><td></td><td></td><td></td></tr>
<tr><td rowspan="2">成果提交</td><td>1</td><td colspan="4">顺利完成试验，并保持仪器设备完好入库</td></tr>
<tr><td>2</td><td colspan="4">填写完整的水泥砂浆强度试验记录表</td></tr>
</table>

模块一　相关知识

公路与桥梁工程主要用砂浆砌筑挡土墙、护坡、桥涵和其他砖石结构及砌体表面的修饰。在施工时，砂浆以薄层状态起粘接、传递应力的作用，同时起防护、衬垫和装饰作用。砂浆按其所用胶结材料不同可分为水泥砂浆和水泥混合砂浆。

施工时要统一砌筑砂浆的技术条件和配合比设计方法，以满足设计和施工要求，保证砌筑砂浆质量，做到技术先进、经济合理。

砌筑砂浆配合比设计应根据原材料的性能、砂浆技术要求、块体种类及施工水平进行计算或查表选择，并应经试配、调整后确定。

砌筑砂浆配合比设计应符合国家现行有关标准的规定。

一、砂浆原材料技术要求

砂浆的组成材料除不含粗集料外，基本上与混凝土的组成材料要求相同，但也有其差异之处。

(1)水泥：砂浆用水泥品种，应根据砂浆的用途来选择，一般采用普通水泥，若用于潮湿环境和地下水水位较高的建筑砌体，可采用矿渣水泥或火山灰水泥。选用水泥强度等级宜与砂浆强度等级相对应，M15 及 M15 以下强度等级的砌筑砂浆宜选用 32.5 级通用硅酸盐水泥，M15 及 M15 以上强度等级的砌筑砂浆宜选用 42.5 级通用硅酸盐水泥。一般拌制砂浆不宜用较高强度等级的水泥。

(2)掺合料：为提高砂浆的和易性，除水泥外，还掺加各种掺合料(如石灰膏、黏土和粉煤灰等)作为结合料。粉煤灰的品质指标和磨生石灰的品质指标应符合标准要求。

(3)砂：砌筑砂浆用砂宜选用中砂，应符合现行行业标准的规定，且应全部通过 4.75 mm 的筛孔。其中毛石砌体宜用粗砂。

(4)水：拌制砂浆用水与混凝土用水相同。

(5)外加剂：适当加入外加剂可改善砂浆的使用性能。

二、砂浆配合比设计试验前准备取样

砂浆配合比设计试验前准备取样与混凝土取样相同。

三、砂浆配合比设计流程

(1)现场配制砂浆的试配要求。

1)现场配制水泥混合砂浆的试配要求。

①计算砂浆试配强度。

②现场确定砌筑砂浆标准差。

③水泥用量的计算。

④水泥混合砂浆的掺加料用量。

⑤每立方米砂浆中的砂用量。

⑥每立方米砂浆中的用水量。

2)现场配制水泥砂浆的试配要求。

每立方米水泥砂浆材料用量可按表 4-1 选用。

表 4-1 每立方米水泥砂浆材料用量

强度等级	水泥	砂	用水量
M5	200～230	砂的堆积密度值	270～330
M7.5	230～260		
M10	260～290		
M15	290～330		
M20	340～400		
M25	360～410		
M30	430～480		

注：1. M15 及 M15 以下强度等级水泥砂浆，水泥强度等级为 32.5 级；M15 以上强度等级水泥砂浆，水泥强度等级为 42.5 级；

2. 当采用细砂或粗砂时，用水量分别取上限或下限；

3. 稠度小于 70 mm 时，用水量可小于下限；

4. 施工现场气候炎热或干燥季节，可酌量增加用水量。

(2)砂浆的配合比试配、调整与确定。

四、思考与检测

检测报告见表 4-2。

表 4-2 检测报告

日期：　　　　班级：　　　　组别：　　　　姓名：　　　　学号：

检测模块/任务	
检测目的	
检测内容： 1. 砂浆配合比设计的含义是什么？ 2. 水泥砂浆配合比设计的基本要求是什么？ 3. 水泥砂浆配合比设计对原材料有什么要求？ 4. 水泥砂浆配合比设计试验前取样有什么要求？ 5. 简述水泥砂浆配合比设计步骤。	

续表

<table>
<tr><td>检测模块/任务</td><td colspan="2"></td></tr>
<tr><td colspan="3">答题区：（位置不够，可另行加页）</td></tr>
<tr><td colspan="3">纠错与提升：（位置不够，可另行加页）</td></tr>
<tr><td colspan="3">检测总结：（位置不够，可另行加页）</td></tr>
<tr><td rowspan="4">考核评定</td><td>考核方式</td><td>总评成绩</td></tr>
<tr><td>自评：</td><td rowspan="3"></td></tr>
<tr><td>互评：</td></tr>
<tr><td>教师评：</td></tr>
</table>

模块二　砌筑砂浆的配合比设计

工作任务：请对 M7.5 砂浆进行配合比设计。

【原始资料】

(1)砂浆设计强度等级为 M7.5，要求砂浆稠度为 70～90 mm，砂浆保水率不小于 80%。

(2)组成材料。

水泥：普通硅酸盐 42.5 级水泥，密度为 3 100 kg/m^3，实测强度为 46.8 MPa。

砂：中砂，级配合格，砂表观密度为 2 650 kg/m^3，施工现场含水率为 3%。

【设计要求】

(1)砂浆配合比试配。

(2)砂浆配合比调整与确定。

为了完成以上工作任务，根据实际工作过程，将工作任务解构为按一定逻辑关系组合的多个子任务，按任务实际工作过程重构序化为学习工作过程进行学习。

任务一　砂浆配合比试配

一、现场配制水泥混合砂浆的试配要求

1. 配合比的计算

配合比应按下列步骤进行计算：

(1)计算砂浆试配强度($f_{m,0}$)；

(2)计算每立方米砂浆中的水泥用量(Q_C)；

(3)计算每立方米砂浆中石灰膏用量(Q_D)；

(4)确定每立方米砂浆中的砂用量(Q_S)；

(5)按砂浆稠度选用每立方米砂浆用水量(Q_W)。

2. 砂浆试配强度的计算

砂浆的试配强度应按式(4-1)计算：

$$f_{m,0}=k \cdot f_2 \tag{4-1}$$

式中　$f_{m,0}$——砂浆的试配强度，应精确至 0.1 MPa；

f_2——砂浆强度等级值，应精确至 0.1 MPa；

k——系数，按表 4-3 取值。

砂浆强度标准差 σ 及 k 值见表 4-3。

表 4-3　砂浆强度标准差 σ 及 k 值

施工水平＼强度等级	强度标准差 σ							k
	M5	M7.5	M10	M15	M20	M25	M30	
优良	1.00	1.50	2.00	3.00	4.00	5.00	6.00	1.15
一般	1.25	1.88	2.50	3.75	5.00	6.25	7.50	1.20
较差	1.50	2.25	3.00	4.50	6.00	7.50	9.00	1.25

3. 现场确定砌筑砂浆标准差的方法

(1)当有统计资料时，按式(4-2)计算：

$$\sigma=\sqrt{\frac{\sum_{i=1}^{n}f_{m,i}^{2}-n\mu_{fm}^{2}}{n-1}} \tag{4-2}$$

式中　$f_{m,i}$——统计周期内同一品种砂浆第 i 组试件的强度(MPa)；

μ_{fm}——统计周期内同一品种砂浆 n 组试件强度的平均值(MPa)；

n——统计周期内同一品种砂浆试件的总组数，$n\geqslant25$。

(2)当不具有近期统计资料时，试件现场强度标准差可按表 4-3 取用。

4. 水泥用量的计算

(1)每立方米砂浆中的水泥用量按式(4-3)计算：

$$Q_c=\frac{1\,000(f_{m,0}-\beta)}{\alpha\cdot f_{ce}} \tag{4-3}$$

式中　Q_c——每立方米砂浆中的水泥用量，精确至 1 kg；

$f_{m,0}$——砂浆的试配强度，精确至 0.1 MPa；

f_{ce}——水泥的实测强度，精确至 0.1 MPa；

α、β——砂浆的特征系数，其中 $\alpha=3.03$，$\beta=-15.09$。

注：各地区也可用本地区试验资料确定 α、β 值，统计用的试验组数不得少于 30 组。

(2)在无法取得水泥的实测强度时，可按式(4-4)计算 f_{ce}：

$$f_{ce}=\gamma_c\cdot f_{ce,k} \tag{4-4}$$

式中　$f_{ce,k}$——水泥强度等级值；

γ_c——水泥强度等级值的富余系数，该值应按实际统计资料确定；无统计资料时 γ_c 可取 1.0。

5. 水泥混合砂浆的石灰膏用量

水泥混合砂浆的石灰膏用量应按式(4-5)计算：

$$Q_D=Q_A-Q_c \tag{4-5}$$

式中　Q_D——每立方米砂浆的石灰膏用量，精确至 1 kg；石灰膏使用时的稠度宜为 120 mm±5 mm；

Q_c——每立方米砂浆的水泥用量，精确至 1 kg；

Q_A——每立方米砂浆中水泥和石灰膏的总用量，精确至 1 kg；可为 350 kg。

6. 每立方米砂浆中的砂用量

每立方米砂浆中的砂用量应按干燥状态(含水率小于 0.5%)的堆积密度值作为计算值(kg)。

7. 每立方米砂浆中的用水量

根据砂浆稠度等要求选用 210～310 kg。

注：(1)砂浆中的用水量，不包括石灰膏中的水；

(2)采用细砂或粗砂时，用水量分别取上限或下限；

(3)稠度小于 70 mm 时，用水量可小于下限；

(4)施工现场气候炎热或干燥季节，可酌量增加用水量。

二、现场配制水泥砂浆的试配要求

水泥砂浆材料用量可按表 4-1 选用。

三、砂浆配合比试配要求

(1)试配时应采用工程中实际使用的材料，按要求拌和。

(2)试配时至少应采用三个不同的配合比，其中一个为基准配合比，其他配合比的水泥用量应按基准配合比分别增加或减少 10%。

四、思考与检测

检测报告见表 4-4。

表 4-4 检测报告

日期： 班级： 组别： 姓名： 学号：

检测模块/任务	
检测目的	
检测内容： 任务：请对砂浆进行配合比设计。 原始资料：砂浆设计强度等级为 M7.5，要求砂浆稠度为 70～90 mm，砂浆保水率不小于 80%。 组成材料： 水泥：普通硅酸盐 42.5 级水泥，密度为 3 100 kg/m³，实测强度为 46.8 MPa。 砂：中砂，级配合格，砂表观密度为 2 650 kg/m³，施工现场含水率为 3%。 需要完成目标： 1. 砂浆配合比试配。 2. 砂浆配合比调整与确定。(后续相应子任务中完成)	
答题区：(位置不够，可另行加页)	

续表

<table>
<tr><td>检测模块/任务</td><td colspan="2"></td></tr>
<tr><td colspan="3">纠错与提升：（位置不够，可另行加页）</td></tr>
<tr><td colspan="3">检测总结：（位置不够，可另行加页）</td></tr>
<tr><td rowspan="4">考核评定</td><td>考核方式</td><td>总评成绩</td></tr>
<tr><td>自评：</td><td rowspan="3"></td></tr>
<tr><td>互评：</td></tr>
<tr><td>教师评：</td></tr>
</table>

任务二　砂浆配合比调整与确定

子任务一　建筑砂浆稠度试验(JGJ/T 70—2009)

一、试验目的

测定砂浆在自重和外力作用下的流动性能。稠度值小表示砂浆干稠，其流动性能较差。

二、仪器设备

(1)砂浆稠度仪。砂浆稠度仪由试锥、容器和支座三部分组成(图 4-1)。试锥由钢材或铜材制成，试锥高度为 145 mm，锥底直径为 75 mm，试锥连同滑杆的质量应为 300 g±2 g；盛浆容器由钢板制成，筒高为 180 mm，锥底内径为 150 mm；支座包括底座、支架及刻度显示盘三个部分，由铸铁、钢及其他金属制成。

(2)钢制捣棒：直径为 10 mm，长度为 350 mm，端部磨圆。

(3)秒表等。

图 4-1　砂浆稠度仪

三、试验方法与步骤

(1)盛浆容器和试锥表面用湿布擦干净，并用少量润滑油轻擦滑杆，后将滑杆上多余的油用吸油纸擦净，使滑杆能自由滑动。

(2)将砂浆拌合物一次装入容器中，使砂浆表面宜低于容器口 10 mm，用捣棒自容器中心向边缘均匀地插捣 25 次，然后轻轻地将容器摇动或敲击 5～6 下，使砂浆表面平整，随后将容器置于稠度测定仪的底座上。

(3)拧开试锥滑杆的制动螺栓，向下移动滑杆，当试锥尖端与砂浆表面刚接触时，应拧紧制动螺栓，使齿条侧杆下端刚接触滑杆上端，并将指针对准零点。

(4)拧开制动螺栓，同时计下时间，10 s 后立即固定螺栓，将齿条侧杆下端接触滑杆上端，从刻度盘上读出下沉深度(精确至 1 mm)，即砂浆的稠度值。

(5)盛浆容器内的砂浆，只允许测定一次稠度，重复测定时，应重新取样测定。

四、结果处理

(1)同盘砂浆应取两次试验结果的算术平均值作为测定值，并应精确至 1 mm；

(2)当两次试验值之差大于 10 mm 时，应重新取样测定。

五、实训报告

实训报告见表 4-5。

表 4-5 实训报告

日期： 班级： 组别： 姓名： 学号：

实训模块/任务						
实训目的						
主要仪器						
检测项目名称						
试验依据						
砂浆强度等级						
每立方米砂浆用量						
试验次数	配合比	水泥品种	水泥/kg	水/L	砂/kg	石灰膏/kg
试拌(　　)L 砂浆用量						
试验次数	配合比	水泥品种	水泥/kg	水/L	砂/kg	石灰膏/kg
调整后(　　)L 砂浆用量						
试验次数	配合比	水泥品种	水泥/kg	水/L	砂/kg	石灰膏/kg

续表

实训模块/任务						
砂浆稠度测定						
试验次数	砂浆稠度仪初读数 h_1/mm	砂浆稠度仪终读数 h_2/mm	圆锥下沉时间/s	砂浆稠度/mm		备注
				单值	平均值	

纠错与提升：（位置不够，可另行加页）

检测总结：（位置不够，可另行加页）

考核评定	考核方式	总评成绩
	自评：	
	互评：	
	教师评：	

子任务二　砂浆分层度试验(JGJ/T 70—2009)

一、试验目的

分层度试验适用于测定砂浆拌合物在运输、停放的稳定性。

二、仪器设备

(1)砂浆分层度测试仪(图4-2)：应由钢板制成，内径应为150 mm，上节高度应为200 mm，下节带底净高应为100 mm，两节的连接处应加宽3～5 mm，并应设有橡胶垫圈；

(2)振动台：振幅应为0.5 mm±0.05 mm，频率应为50 Hz±3 Hz；

(3)砂浆稠度仪、木槌等。

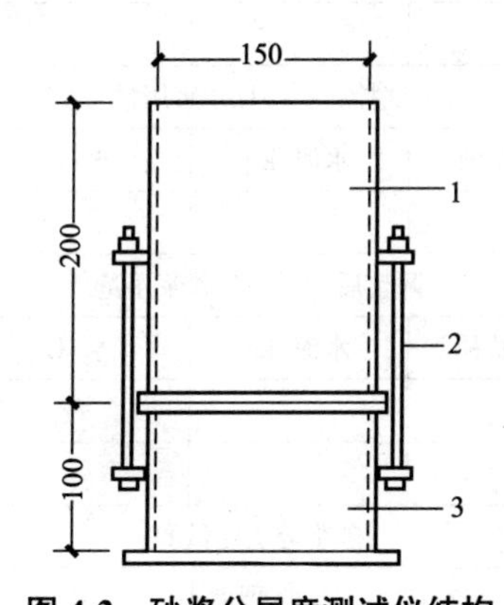

图4-2　砂浆分层度测试仪结构

1—无底圆筒；2—连接螺栓；3—有底圆筒

三、试验步骤

(1)将砂浆拌合物按砂浆稠度试验方法测定稠度。

(2)将砂浆拌合物一次装入分层度筒内，用木槌在分层度筒周围距离大致相等的4个不同部位轻敲1～2次，如砂浆沉落到低于分层度筒口以下，应随时添加，然后刮去多余的砂浆，并用抹刀抹平。

(3)静置30 min后，去掉上节200 mm砂浆，剩余的100 mm砂浆倒出放在拌合锅内拌2 min，再按稠度试验方法测定其稠度。前后测得的稠度之差即该砂浆的分层度值。

四、结果处理

(1)应取两次试验结果的算术平均值作为该砂浆的分层度值，精确至1 mm；

(2)当两次分层度试验值之差大于10 mm时，应重做试验。

五、实训报告

实训报告见表 4-6。

表 4-6 实训报告

日期： 班级： 组别： 姓名： 学号：

实训模块/任务						
实训目的						
主要仪器						
检测项目名称						
试验依据						
砂浆强度等级						
每立方米砂浆用量						
试验次数	配合比	水泥品种	水泥/kg	水/L	砂/kg	掺合料/kg
试拌( )L砂浆用量						
试验次数	配合比	水泥品种	水泥/kg	水/L	砂/kg	掺合料/kg
调整后( )L砂浆用量						
试验次数	配合比	水泥品种	水泥/kg	水/L	砂/kg	掺合料/kg
砂浆分层度试验						
试验次数	稠度 k_1/mm		稠度 k_2/mm		分层度(k_1-k_2)/mm	
考核评定	考核方式			总评成绩		
	自评：					
	互评：					
	教师评：					

子任务三 砌筑水泥砂浆的保水性试验(JGJ/T 70—2009)

保水性是指新拌砂浆在运输和施工过程中保持水分不流失和各组分不分离的能力。保水性差的砂浆在施工过程中就很容易泌水、分层、离析。同时在砌筑时，水分容易被砖石迅速吸收，影响胶凝材料的正常硬化，降低砂浆本身的强度，而且与底面粘接不牢，最后会降低砌体的质量。

一、试验原理

用规定流动度范围的新拌砂浆，按规定的方法进行吸水处理。砂浆保水性就是吸水处理后砂浆中保留的水的质量，并用原始水量的质量百分数来表示。

二、仪器设备

(1)金属或硬塑料圆环试模：内径应为 100 mm，内部高度应为 25 mm；

(2)可密封的取样容器：应清洁、干燥；

(3)2 kg 的重物；

(4)金属滤网：网格尺寸 45 μm，圆形，直径为 110 mm±1 mm；

(5)超白滤纸：应采用现行国家标准《化学分析滤纸》(GB/T 1914—2017)规定的中速定性滤纸，直径应为 110 mm，单位面积质量应为 200 g/m^2；

(6)2 片金属或玻璃的方形或圆形不透水片，边长或直径应大于 110 mm；

(7)天平：量程为 200 g，感量应为 0.1 g；量程为 2 000 g，感量应为 1 g；

(8)烘箱。

三、试验步骤

(1)将不透水片和干燥试模称量(m_1)，精确到 0.1 g；将 15 片未使用的滤纸称量(m_2)，精确到 0.1 g。

(2)将砂浆拌合物一次性装入试模，并用抹刀插捣数次，当装入的砂浆略高于试模边缘时，用抹刀以 45°一次性将试模表面多余的砂浆刮去，然后用抹刀以较平的角度在试模表面反方向将砂浆刮平。抹掉试模边的砂浆，称量试模、底部不透水片与砂浆总质量(m_3)，精确到 1 g。

(3)用金属滤网盖住砂浆表面，并在滤网表面放上 15 片已称量的滤纸，用上部不透水片盖在滤纸表面，以 2 kg 的重物把上部不透水片压住。静置 2 min 后移走重物及上部不透片，取出滤纸(不包括滤网)，迅速称量滤纸质量(m_4)，精确到 0.1 g。

(4)按照砂浆的配合比及加水量计算砂浆的含水率 α。

四、试验结果

砂浆保水率应按式(4-6)计算：

$$W=\left[1-\frac{m_4-m_2}{\alpha\times(m_3-m_1)}\right]\times 100 \tag{4-6}$$

式中 W——砂浆保水率(%)；

m_1——底部不透水片与干燥试模质量(g)，精确至 1 g；

m_2——15 片滤纸吸水前的质量(g)，精确至 0.1 g；

m_3——试模、底板不透水片与砂浆的总质量(g)，精确到 1 g；

m_4——15 片滤纸吸水后的质量(g)，精确到 0.1 g；

α——砂浆的含水率(%)。

取两次试验结果的算术平均值作为砂浆的保水率，精确到 0.1%，且第二次试验应重新取样测定。如果两个试验值之差超过 2%，此组试验结果应为无效。

五、实训报告

实训报告见表 4-7。

表 4-7　实训报告

日期：　　　　　　　　班级：　　　　　　组别：　　　　　　姓名：　　　　　　学号：

实训模块/任务			
实训目的			
主要仪器			
检测项目名称			
试验规程		试验环境	
评定标准		试验人员	
砂浆强度等级		砂浆种类	
试验次数		1	2
不透水片和干燥试模质量 m_1/g			
15 片中速定性滤纸吸水前质量 m_2/g			
试模、不透水片及砂浆总质量 m_3/g			
试验后滤纸湿吸水后质量 m_4/g			
砂浆保水率 W/%	单值		
	平均值		
备注			
结论：			
考核评定	考核方式	总评成绩	
	自评：		
	互评：		
	教师评：		

子任务四　水泥砂浆抗压强度检测(JGJ/T 70—2009)

水泥砂浆强度是以边长为 70.7 mm 的正立方体标准试件，在标准养护条件下，养护 28 d 的极限抗压强度值来确定的。试件 3 件为一组，所取组数应符合下列规定：

(1)不同强度等级及不同配合比的水泥砂浆应按随机取样方法分别制取试件；

(2)重要及主体砌筑物，每工作班制取 2 组；

(3)一般及次要砌筑物，每工作班制取 1 组；

(4)拱圈砂浆应同时与砌体同条件养护试件，以检查各施工阶段强度。

动画：砌筑砂浆抗压强度试验

一、试验目的

本试验规定了测定水泥砂浆抗压极限强度的方法，以确定水泥砂浆的强度等级，作为评定水泥砂浆品质的主要指标。

二、仪器设备

(1)试模：应为 70.7 mm×70.7 mm×70.7 mm 的带底试模，应符合现行行业标准《混凝土试模》(JG 237—2008)的规定选择，应具有足够的刚度并拆装方便。试模的内表面应机械加工，其不平度应为每 100 mm 不超过 0.05 mm，组装后各相邻面的不垂直度不应超过 ±0.5°。

(2)钢制捣棒：直径为 10 mm，长度为 350 mm，端部磨圆。

(3)压力试验机：精度应为 1%，试件破坏荷载应不小于压力机量程的 20%，且不应大于全量程的 80%。

(4)垫板：试验机上、下压板及试件之间可垫以钢垫板，垫板的尺寸应大于试件的承压面，其不平度应为每 100 mm 不超过 0.02 mm。

(5)振动台：空载中台面的垂直振幅应为 0.5 mm±0.05 mm，空载频率应为 50 Hz±3 Hz，空载台面振幅均匀度不应大于 10%，一次试验应至少能固定 3 个试模。

三、试验步骤

(1)立方体抗压强度试件的制作及养护应按下列步骤进行：

1)应采用立方体试件，每组试件应为 3 个。

2)应采用黄油等密封材料涂抹试模的外接缝，试模内应涂刷薄层机油或隔离剂。应将拌制好的砂浆一次性装满砂浆试模，成型方法应根据稠度而确定。当稠度大于 50 mm 时，宜采用人工插捣成型；当稠度不大于 50 mm 时，宜采用振动台振实成型。

①人工插捣：应采用捣棒均匀地由边缘向中心按螺旋方式插捣 25 次，插捣过程中当砂浆沉落低于试模口时，应随时添加砂浆，可用油灰刀插捣数次，并用手将试模一边抬高 5～10 mm 再各振动 5 次，砂浆应高出试模顶面 6～8 mm。

②机械振动：将砂浆一次装满试模，放置到振动台上，振动时试模不得跳动，振动 5～10 s 或持续到表面泛浆为止，不得过振。

3)应待表面水分稍干后，再将高出试模部分的砂浆沿试模顶面刮去并抹平。

4)试件制作后应在温度为 20 ℃±5 ℃的环境下静置 24 h±2 h，对试件进行编号、拆模。当气温较低时，或者凝结时间大于 24 h 的砂浆，可适当延长时间，但不应超过 2 d。试件拆模后应立即放入温度为 20 ℃±2 ℃，相对湿度为 90%以上的标准养护室中养护。养护期间，试件彼此间隔不得小于 10 mm，混合砂浆、湿拌砂浆试件上面应覆盖，防止有水滴在试件上。

5)从搅拌加水开始计时，标准养护龄期应为 28 d，也可根据相关标准要求增加 7 d 或 14 d。

(2)立方体试件抗压强度试验应按下列步骤进行：

1)试件从养护地点取出后应及时进行试验。试验前应将试件表面擦拭干净，测量尺寸，并检查其外观，并应计算试件的承压面积。当实测尺寸与公称尺寸之差不超过 1 mm 时，可按照公称尺寸进行计算。

2)将试件安放在试验机的下压板或下垫板上，试件的承压面应与成型时的顶面垂直，试件中心应与试验机下压板或下垫板中心对准。开动试验机，当上压板与试件或上垫板接近时，调整球座，使接触面均衡受压。承压试验应连续而均匀地加荷，加荷速度应为 0.25～1.5 kN/s；砂浆强度不大于 2.5 MPa 时，宜取下限。当试件接近破坏而开始迅速变形时，停止调整试验机油门，直至试件破坏，然后记录破坏荷载。

四、结果计算

砂浆立方体抗压强度应按式(4-7)计算：

$$f_{m,cu}=K\cdot\frac{Nu}{A} \tag{4-7}$$

式中 $f_{m,cu}$——砂浆立方体抗压强度(MPa)，精确至 0.1 MPa；

Nu——试件破坏荷载(N)；

A——试件承压面积(mm^2)；

K——换算系数，取 1.35。

五、数据处理

(1)应以三个试件测量值的算术平均值作为该组试件的砂浆立方体抗压强度平均值(f_2)，精确至 0.1 MPa；

(2)当两个测量值的最大值或最小值中有一个与中间值的差值超过中间值的 15%时，应将最大值及最小值一并舍去，取中间值作为该组试件的抗压强度值；

(3)当两个测量值与中间值的差值均超过中间值的 15%时，该组试验结果应为无效。

六、实训报告

实训报告见表 4-8。

表 4-8 实训报告

日期： 班级： 组别： 姓名： 学号：

实训模块/任务	

续表

实训目的									
主要仪器									
检测项目名称									
试验依据									
试样编号									
设计强度									
养护条件									
试验编号	拌制日期	试验日期	龄期/d	最大荷载/kN	试件尺寸/mm	受压面积/mm²	抗压强度/MPa		
							单值	平均值	代表值
考核评定	考核方式				总评成绩				
	自评：								
	互评：								
	教师评：								

子任务五　砂浆配合比调整与确定

(1)按计算或查表所得配合比进行试拌时，应测定其拌合物的稠度和保水率，当不能满足要求时，应调整材料用量，直到符合要求。然后确定为试配时的实际基准配合比。

(2)试配时至少应采用三个不同的配合比，其中一个为基准配合比，其他配合比的水泥用量应按基准配合比分别增加或减少10%。在保证稠度、保水率合格的条件下，可将用水量或掺合料用量做相应调整。

(3)对三个不同的配合比进行调整后，按现行标准《建筑砂浆基本性能试验方法标准》(JGJ/T 70—2009)的规定成型试件，测定砂浆强度，并选定符合试配强度及和易性要求、水泥用量最低的配合比作为砂浆配合比。

通过以上步骤，砂浆配合比设计就计算出来了，即水泥∶矿物掺合料∶水∶细集料＝m_{c0}∶m_{f0}∶m_{w0}∶m_{s0}。砂浆在建筑结构中起黏结、传递应力、衬垫、防护和装饰作用。对砂浆的技术要求主要有施工和易性和抗压强度。

附：水泥砂浆配合比设计试验记录(见表4-9)。

表 4-9　水泥砂浆配合比设计试验记录

试验室名称：　　　　　　　　　　　　　　　记录编号：

委托单位						试验日期			
工程部位/用途						样品编号			
试验依据						试验条件			
样品描述									
主要仪器设备及编号									
砂浆种类		设计强度/MPa		设计稠度/mm		施工水平		配置强度/MPa	
水泥种类		水泥强度等级/MPa				水泥实测抗压强度/MPa			
单位水泥用量/kg		单位砂用量/kg		单位外掺材料用量/kg		单位外加剂用量/kg			
基准配比/(kg·m^{-3})	水泥	细集料	水				制件日期	样品编号	
							水胶比		
试拌(L)							稠度/mm	7 d抗压强度/MPa	28 d抗压强度/MPa
单位比							保水率/%		
水泥用量增加/(kg·m^{-3})	水泥	细集料	水				制件日期	样品编号	
							水胶比		
试拌/L							稠度/mm	7 d抗压强度/MPa	28 d抗压强度/MPa
单位比							保水率/%		
水泥用量减少/(kg·m^{-3})	水泥	细集料	水				制件日期	样品编号	
							水胶比		
试拌/L							稠度/mm	7 d抗压强度/MPa	28 d抗压强度/MPa
单位比							保水率/%		
备注：									

试验：　　　　　　　　　　复核：　　　　　　　　日期：　　　年　　　月　　　日

项目五 无机结合料稳定材料配合比设计与应用

学习目标

1. 知识目标

(1)掌握不同配合比阶段的流程及计算；

(2)掌握不同配合比阶段所需试验。

2. 技能目标

能根据工程实际，进行无机结合料稳定材料配合比设计。

3. 素质目标

(1)培养善于思考、科学严谨的思维模式和执行能力；

(2)培养善于沟通、团队协作的互助能力。

技术标准

(1)《公路路面基层施工技术细则》(JTG/T F20—2015)；

(2)《通用硅酸盐水泥》(GB 175—2007)。

试验规程

(1)《公路工程无机结合料稳定材料试验规程》(JTG E51—2009)；

(2)《公路工程集料试验规程》(JTG E42—2005)；

(3)《公路土工试验规程》(JTG 3430—2020)。

项目五 任务单

任务名称	无机结合料配合比设计	上课地点	水泥混凝土试验室	建议学时	10
任务目的	确保无机结合料的技术条件满足设计和施工要求，保证质量，经济合理				
适用范围	适用于水泥、石灰等综合稳定的配合比设计及物理性能试验				

续表

<table>
<tr><td>任务名称</td><td colspan="2">无机结合料配合比设计</td><td>上课地点</td><td>水泥混凝土试验室</td><td>建议学时</td><td>10</td></tr>
<tr><td rowspan="2">任务目标</td><td colspan="6">知识目标：
1. 理解无机结合料的原材料性能、技术要求和试验原理；
2. 掌握无机结合料配合比设计的依据、步骤和要点；
3. 掌握无机结合料的矿料级配合成、击实、无侧限抗压强度试验及评定方法；
4. 了解无机结合料配合比设计试验时可能发生的安全隐患与安全要求</td></tr>
<tr><td colspan="6">能力目标：
1. 能够根据无机结合料配合比设计的程序，正确计算配置强度、配合比；
2. 能够正确进行矿料级配合成、击实、无侧限抗压强度的试验操作；
3. 能够正确确定水泥或石灰的剂量；
4. 能够正确填写无机结合料配合比设计试验记录表</td></tr>
<tr><td>任务要求</td><td colspan="6">1. 以小组为单位开展检测，每组 6 人；
2. 能正确使用、整理仪器设备，不故意损坏；
3. 按规范要求完成检验过程，认真准确填写试验记录；
4. 根据要求正确计算无机结合料配合比，并能熟练调整胶凝材料用量</td></tr>
<tr><td>安全、卫生要求</td><td colspan="6">1. 不要频繁开、关摇筛机，停机后应切断电源；
2. 使用电动击实仪时，要注意避免零部件脱落伤人；
3. 注意电子天平的感量和称量范围，不能用力按压、锤打天平；
4. 压力机使用时，确定断电后，方可放入或取出试样</td></tr>
<tr><td rowspan="11">仪器设备</td><td>序号</td><td>名称</td><td>规格型号</td><td>数量</td><td colspan="2">使用要求与要点</td></tr>
<tr><td>1</td><td>路面材料强度仪</td><td></td><td>1</td><td colspan="2">接通电源机器是否运转正常</td></tr>
<tr><td>2</td><td>摇筛机</td><td></td><td>1</td><td colspan="2">接通电源机器是否运转正常</td></tr>
<tr><td>3</td><td>电动击实仪</td><td></td><td>1</td><td colspan="2">试筒固定牢固，防伤手</td></tr>
<tr><td>4</td><td>天平</td><td>1 g、0.1 g、0.01 g</td><td>各 1</td><td colspan="2">切勿超量，轻拿轻放，水平放置</td></tr>
<tr><td>5</td><td>标准筛</td><td>53～2.36 mm</td><td>各 1</td><td colspan="2">防撞、防变形、防筛孔堵塞</td></tr>
<tr><td>6</td><td>击实筒</td><td></td><td>9</td><td colspan="2">防撞、防变形</td></tr>
<tr><td>7</td><td>烘箱</td><td></td><td>1</td><td colspan="2">防烫伤</td></tr>
<tr><td>8</td><td>水槽</td><td></td><td>1</td><td colspan="2"></td></tr>
<tr><td>9</td><td>电动脱模器</td><td></td><td>1</td><td colspan="2">试筒固定牢固，防伤手</td></tr>
<tr><td colspan="6">调土刀、方盘、金属捣棒、量筒、拌合工具等</td></tr>
<tr><td rowspan="2">成果提交</td><td>1</td><td colspan="5">顺利完成试验，并保持仪器设备完好入库</td></tr>
<tr><td>2</td><td colspan="5">填写完整的矿料级配合成、无机结合料击实、无侧限抗压强度、无机结合料配合比设计试验记录表</td></tr>
</table>

模块一　相关知识

一、无机结合料稳定材料组成及分类

以石灰、水泥或粉煤灰等为结合料，通过加水与被稳定材料共同拌和形成的混合料，称为无机结合料稳定材料。被稳定材料主要有土、石屑、砂、碎石、砾石、工业废渣等。这类材料的耐磨性差，不适宜作为路面的面层，常用作路面的基层和底基层。

根据结合料的不同，无机结合料稳定材料分类如下：

(1)水泥稳定材料：以水泥为结合料，通过加水与被稳定材料共同拌和形成的混合料，包括水泥稳定级配碎石、水泥稳定级配砾石、水泥稳定石屑、水泥稳定土、水泥稳定砂等。

(2)石灰稳定材料：以石灰为结合料，通过加水与被稳定材料共同拌和形成的混合料，包括石灰碎石土、石灰土等。

(3)综合稳定材料：以两种或两种以上材料为结合料，通过加水与被稳定材料共同拌和形成的混合料，包括水泥石灰稳定材料、水泥粉煤灰稳定材料、石灰粉煤灰稳定材料等。

(4)工业废渣稳定材料：以石灰或水泥为结合料，以炉渣、钢渣、矿渣等工业废渣为主要被稳定材料，通过加水拌和形成的混合料。

二、配合比设计目的

根据强度指标和使用性能要求，确定无机结合料稳定材料中各组成材料的比例；根据击实试验确定无机结合料稳定材料的最大干密度和最佳含水率，作为工地现场进行质量监控的参考数据。所配制的无机结合料稳定材料各项使用性能应能符合路面结构的设计要求，并能够准确地进行生产质量控制，易于摊铺与压实，比较经济。

三、设计标准

我国《公路路面基层施工技术细则》(JTG/T F20—2015)规定：无机结合料稳定材料进行组成设计时，采用7 d龄期无侧限抗压强度作为设计标准，高速公路和一级公路还应验证所用材料的7 d龄期无侧限抗压强度与90 d或180 d龄期弯拉强度的关系。各种无机结合料稳定材料的强度标准 R_d(按7 d龄期)见表5-1。

表 5-1　无机结合料稳定材料 7 d 无侧限抗压强度标准 R_d　　MPa

结构层		公路等级	极重、特重交通	重交通	中、轻交通
水泥稳定材料	基层	高速公路和一级公路	5.0～7.0	4.0～6.0	3.0～5.0
		二级及二级以下公路	4.0～6.0	3.0～5.0	2.0～4.0
	底基层	高速公路和一级公路	3.0～5.0	2.5～4.5	2.0～4.0
		二级及二级以下公路	2.5～4.5	2.0～4.0	1.0～3.0
石灰粉煤灰稳定材料	基层	高速公路和一级公路	≥1.1	≥1.0	≥0.9
		二级及二级以下公路	≥0.9	≥0.8	≥0.7
	底基层	高速公路和一级公路	≥0.8	≥0.7	≥0.6
		二级及二级以下公路	≥0.7	≥0.6	≥0.5
水泥粉煤灰稳定材料	基层	高速公路和一级公路	4.0～5.0	3.5～4.5	3.0～4.0
		二级及二级以下公路	3.5～4.5	3.0～4.0	2.5～3.5
	底基层	高速公路和一级公路	2.5～3.5	2.0～3.0	1.5～2.5
		二级及二级以下公路	2.0～3.0	1.5～2.5	1.0～2.0
石灰稳定材料	基层	高速公路和一级公路	—		
		二级及二级以下公路	≥0.8①		
	底基层	高速公路和一级公路	≥0.8		
		二级及二级以下公路	0.5～0.7②		

注：1. 公路等级高或交通荷载等级高或结构安全性要求高时，推荐取上限强度标准。

2. 表中强度标准是指 7 d 龄期无侧限抗压强度的代表值。

3. 石灰粉煤灰稳定材料强度不满足表中要求时，可外加混合料质量 1%～2%的水泥。

4. 石灰土强度达不到表中规定的抗压强度标准时，可添加部分水泥，或改用另一种土。塑性指数过小的土，不宜用石灰稳定，宜改用水泥稳定。

①在低塑性材料(塑性指数小于 7)地区，石灰稳定砾石土和碎石土的 7 d 龄期无侧限抗压强度应大于 0.5 MPa (100 g 平衡锥测液限)。

②低限用于塑性指数小于 7 的黏性土，且低限值宜仅用于二级以下公路。高限用于塑性指数大于 7 的黏性土。

四、思考与检测

检测报告见表 5-2。

表 5-2　检测报告

日期：　　　　班级：　　　　组别：　　　　姓名：　　　　学号：

检测模块/任务	
检测目的	

检测内容：

1. 什么是无机结合料稳定材料？其主要用途是什么？
2. 进行无机结合料配合比设计的主要目的是什么？
3. 什么是无机结合料稳定材料配合比设计标准？

续表

检测模块/任务		
答题区：（位置不够，可另行加页）		
纠错与提升：（位置不够，可另行加页）		
检测总结：（位置不够，可另行加页）		
考核评定	考核方式	总评成绩
	自评：	
	互评：	
	教师评：	

模块二　无机结合料稳定材料配合比设计

工作任务：某二级公路采用水泥稳定碎石路面基层，试按现行技术规范要求的方法进行水泥稳定碎石混合料配合比设计。

【原材料选用】

碎石集料压碎值不大于30%，碎石集料粒径小于0.5 mm的材料塑性指数小于9，碎石集料级配应符合表5-3规定的级配要求。

表5-3　碎石集料级配规定范围

筛孔/mm	31.5	19.0	9.5	4.75	2.36	0.60	0.075
通过量/%	100	88～99	57～77	29～49	17～35	8～22	0～7

水泥要求为慢凝(要求终凝时间宜在6 h以上)复合硅酸盐水泥，强度等级为32.5。

【设计要求】

水泥稳定碎石的设计7 d无侧限抗压强度标准值为3.5～4.0 MPa，施工时混合料采用厂拌法，采用摊铺机摊铺，工地要求压实度指标为98%。

为了完成以上工作任务，根据实际工作过程，将工作任务解构为按一定逻辑关系组合的多个子任务，按任务实际工作过程重构序化为学习工作过程进行学习。

无机结合料稳定材料配合比设计包括原材料检验、混合料的目标配合比设计、混合料的生产配合比设计和施工参数确定四部分。其中，生产配合比设计和施工参数确定均是在目标配合比设计的基础上进行，借助施工单位的拌合设备、摊铺和碾压设备，在进行试生产的基础上完成的。下面主要介绍混合料的目标配合比设计方法。

任务一　目标配合比设计

一、原材料检验

(1)土：检验内容包括含水率、液限、塑限、颗粒分析、有机质和硫酸盐含量等。

(2)砾石(碎石)：检验内容包括含水率、级配、液限、塑限、毛体积相对密度和吸水率、压碎值、粉尘含量、针片状颗粒含量、软石含量等。

(3)细集料：检验内容包括含水率、级配、液限、塑限、毛体积相对密度和吸水率、有机质和硫酸盐含量等。

(4)石灰：检验含水率、有效钙镁含量、残渣含量。

(5)水泥：检验强度等级和初、终凝时间。

(6)粉煤灰：检验含水率、烧失量、细度、二氧化硅等氧化物含量。

二、拟定混合料配合比，制备试件

(1)用同一种结合料，选择不少于五种结合料剂量，不同剂量配制同一种被稳定材料，分别制备混合料，规范建议的剂量见表 5-4～表 5-7。

表 5-4　水泥稳定材料配合比试验推荐水泥试验剂量表

被稳定材料	条件		推荐试验剂量/%
有级配的碎石或砾石	基层	$R_d \geqslant 5.0$ MPa	5、6、7、8、9
		$R_d < 5.0$ MPa	3、4、5、6、7
土、砂、石屑等		塑性指数＜12	5、7、9、11、13
		塑性指数≥12	8、10、12、14、16
有级配的碎石或砾石	底基层	—	3、4、5、6、7
土、砂、石屑等		塑性指数＜12	4、5、6、7、8
		塑性指数≥12	6、8、10、12、14
碾压混凝土	基层	—	7、8.5、10、11.5、13

表 5-5　水泥的最小剂量

%

被稳定材料类型	拌和方法	
	路拌法	集中厂拌法
中、粗粒材料	4	3
细粒材料	5	4

注：粗粒材料是指公称最大粒径不小于 26.5 mm 的材料。
中粒材料是指公称最大粒径不小于 16 mm，且小于 26.5 mm 的材料。
细粒材料是指公称最大粒径小于 16 mm 的材料。

表 5-6　石灰粉煤灰稳定材料和石灰炉渣稳定材料推荐比例

材料类型	材料名称	使用层位	结合料间比例	结合料与被稳定材料间比例
石灰粉煤灰	硅铝粉煤灰的石灰粉煤灰类[1]	基层或底基层	石灰∶粉煤灰＝1∶2～1∶9	—
	石灰粉煤灰土	基层或底基层	石灰∶粉煤灰＝1∶2～1∶4[2]	石灰粉煤灰∶细粒材料＝30∶70[3]～10∶90
	石灰粉煤灰稳定级配碎石或砾石	基层	石灰∶粉煤灰＝1∶2～1∶4	石灰粉煤灰∶被稳定材料＝20∶80～15∶85[4]

续表

材料类型	材料名称	使用层位	结合料间比例	结合料与被稳定材料间比例
石灰炉渣	石灰炉渣稳定材料	基层或底基层	石灰：炉渣＝20：80～15：85	—
	石灰炉渣土	基层或底基层	石灰：炉渣＝1：1～1：4	石灰炉渣：细粒材料＝1：1～1：4⑤
	石灰炉渣稳定材料	基层或底基层	石灰：炉渣：被稳定材料＝(7～9)：(26～33)：(67～58)	

注：①CaO 含量为 2%～6%的硅铝粉煤灰。
②粉土以 1：2 为宜。
③采用此比例时，石灰与粉煤灰之比宜为 1：2～1：3。
④石灰粉煤灰与粒料之比为 15：85～20：80 时，在混合料中，粒料形成骨架，石灰粉煤灰起填充孔隙和胶结作用，这种混合料称为骨架密实式石灰粉煤灰粒料。
⑤混合料中石灰应不少于 10%，可通过试验选取强度较高的配合比。

表 5-7　水泥粉煤灰稳定材料和水泥炉渣稳定材料推荐比例

材料类型	材料名称	使用层位	结合料间比例	结合料与被稳定材料间比例
水泥粉煤灰	硅铝粉煤灰的水泥粉煤灰类①	基层或底基层	水泥：粉煤灰＝1：3～1：9	—
	水泥粉煤灰土	基层或底基层	水泥：粉煤灰＝1：3～1：5	水泥粉煤灰：细粒材料＝30：70②～10：90
	水泥粉煤灰稳定级配碎石或砾石	基层	水泥：粉煤灰＝1：3～1：5	石灰粉煤灰：被稳定材料＝20：80～15：85③
水泥炉渣	水泥炉渣稳定材料	基层或底基层	水泥：炉渣＝5：95～15：85	—
	水泥炉渣土	基层或底基层	水泥：炉渣＝1：2～1：5	水泥炉渣：细粒材料＝1：2～1：5④
	水泥炉渣稳定材料	基层或底基层	水泥：炉渣：被稳定材料＝(3～5)：(26～33)：(71～62)	

注：①CaO 含量为 2%～6%的硅铝粉煤灰。
②采用此比例时，水泥与粉煤灰之比宜为 1：2～1：3。
③水泥粉煤灰与粒料之比为 15：85～20：80 时，在混合料中，粒料形成骨架，石灰粉煤灰起填充孔隙和胶结作用。
④混合料中水泥应不少于 4%，可通过试验选取强度较高的配合比。

(2)采用重型击实法(或振动压实法)确定各种不同结合料剂量混合料的最佳含水率和最大干密度时，至少应做三个结合料不同剂量的混合料击实试验，即最大剂量、中间剂量和最小剂量。其他两个剂量混合料的最佳含水率和最大干密度用内插法。

(3)按规范规定压实度见表 5-8，分别计算不同剂量时试件应有的干密度。

表 5-8　水泥稳定土与石灰稳定土压实度

<table>
<tr><th rowspan="2">公路等级</th><th rowspan="2">层位</th><th colspan="2">水泥稳定土</th><th colspan="2">石灰稳定土</th></tr>
<tr><th>类型</th><th>压实度/%</th><th>类型</th><th>压实度/%</th></tr>
<tr><td>高速公路和一级公路</td><td rowspan="3">基层</td><td>—</td><td>98</td><td>—</td><td>98</td></tr>
<tr><td rowspan="2">二级和二级以下公路</td><td>水泥稳定中粒土和粗粒土</td><td>97</td><td>石灰稳定中粒土和粗粒土</td><td>97</td></tr>
<tr><td>水泥稳定细粒土</td><td>95</td><td>石灰稳定细粒土</td><td>95</td></tr>
<tr><td rowspan="2">高速公路和一级公路</td><td rowspan="4">底基层</td><td>水泥稳定中粒土和粗粒土</td><td>97</td><td>石灰稳定中粒土和粗粒土</td><td>97</td></tr>
<tr><td>水泥稳定细粒土</td><td>95</td><td>石灰稳定细粒土</td><td>95</td></tr>
<tr><td rowspan="2">二级和二级以下公路</td><td>水泥稳定中粒土和粗粒土</td><td>95</td><td>石灰稳定中粒土和粗粒土</td><td>95</td></tr>
<tr><td>水泥稳定细粒土</td><td>93</td><td>石灰稳定细粒土</td><td>93</td></tr>
</table>

(4)按最佳含水率和计算得到的干密度制备试件。试件制作方法见本项目模块二的任务二，试件采用静压法成型，径高比为 1∶1。无机结合料稳定细粒材料的试件直径应为 100 mm，无机结合料稳定中、粗粒材料的试件直径应为 150 mm。

三、试件的强度试验及计算

试件在规定温度下保湿养生 6 d，浸水 1 d 后，进行无侧限抗压强度试验。试件无侧限抗压强度试验见本项目模块二的任务三。强度试验时，平行试验的最少数量应符合表 5-9 的规定。试验结果的强度变异系数大于表 5-9 中规定值时，应重做试验，找出原因，加以解决。如不能降低强度变异系数，则应增加试件数量。

表 5-9　平行试验的最少试件数量

<table>
<tr><th rowspan="2">材料类型</th><th colspan="3">强度变异系数 C_V 要求</th></tr>
<tr><th><10%</th><th>10%～15%</th><th>15%～20%</th></tr>
<tr><td>细粒材料</td><td>6</td><td>9</td><td>—</td></tr>
<tr><td>中粒材料</td><td>6</td><td>9</td><td>13</td></tr>
<tr><td>粗粒材料</td><td>—</td><td>9</td><td>13</td></tr>
</table>

根据试验结果，按式(5-1)计算强度代表值 R_d^0：

$$R_d^0 = \bar{R} \cdot (1 - Z_\alpha C_V) \tag{5-1}$$

式中　Z_α——标准正态分布表中随保证率或置信度 α 而变的系数，高速公路和一级公路应取保证率 95%，即 $Z_\alpha = 1.645$；二级及二级以下公路应取保证率 90%，即 $Z_\alpha = 1.282$；

$\bar{R}$——一组试件的强度平均值；

C_V——一组试件的强度变异系数。

其中 $\bar{R}$、C_V 的计算公式如下：

$$\bar{R} = \frac{1}{n}(R_1 + R_2 + \cdots + R_n) = \frac{1}{n}\sum_{i=1}^{n} R_i \tag{5-2}$$

$$S=\sqrt{\frac{(R_1-\bar{R})^2+(R_2-\bar{R})^2+\cdots+(R_n-\bar{R})^2}{n-1}}=\sqrt{\frac{\sum_{i=1}^{n}(R_i-\bar{R})^2}{n-1}} \tag{5-3}$$

$$C_V=\frac{S}{\bar{R}} \tag{5-4}$$

式中　R_i——每个试件的强度；

n——一组试件的个数；

S——试件强度标准差。

四、选定结合料剂量

根据表 5-1 的强度标准，选定合适的结合料剂量，此剂量试件室内试验结果的强度代表值 R_d^0 应不小于强度标准值 R_d，当 $R_d^0<R_d$ 时，应重新进行配合比试验。

对水泥稳定材料，工地实际采用的水泥剂量宜比室内试验确定的剂量多 0.5%～1.0%。采用集中厂拌法施工时宜增加 0.5%；采用路拌法施工时宜增加 1%。

五、思考与检测

检测报告见表 5-10。

表 5-10　检测报告

日期：　　　　　　班级：　　　　　　组别：　　　　　　姓名：　　　　　　学号：

检测模块/任务		
检测目的		
检测内容： 1. 简述无机结合料稳定材料配合比设计步骤。 2. 进行无机结合料稳定材料配合比设计时，需要进行哪些原材料检验试验？ 3. 对混合料进行重型击实试验的目的是什么？ 4. 简述水泥稳定类混合料水泥剂量确定方法。		
答题区：（位置不够，可另行加页）		
纠错与提升：（位置不够，可另行加页）		
检测总结：（位置不够，可另行加页）		
考核评定	考核方式	总评成绩
	自评：	
	互评：	
	教师评：	

附：无机结合料配合比设计试验记录(见表 5-11)。

表 5-11　无机结合料配合比设计试验记录

试验室名称：　　　　　　　　　　　　　　　　记录编号：

施工/委托单位		委托/任务编号	
工程名称		委托/收样日期	
工程部位/用途		记录编号	
试验条件		试验日期	
样品规格/数量		样品描述	
试验依据		判定依据	
试验项目		试验方法	
主要仪器设备及编号			

原材料	原材料名称	规格型号	生产厂家	报告编号
	碎石			
	砂			
	水泥			
	矿质混合料			
	—	—	—	—

矿料级配														
筛孔尺寸/mm														
通过质量百分率/%														
目标级配范围	上限													
	下限													

配合比选定：

结合料剂量/%	最大干密度/(g·cm^{-3})	最佳含水率/%	要求压实度/%	强度平均值 $\bar{R}$/MPa	强度代表值 $R_d^0=\bar{R}\cdot(1-Z_\alpha C_V)$/MPa	强度标准值 R_d	是否满足 $R_d^0\geqslant R_d$

结合料剂量/%		最大干密度/(g·cm^{-3})		最佳含水率/%		要求压实度/%	

检测结论：

备注：

试验：　　　　　　　　　　　　复核：　　　　　　　　日期：　　　年　　　月　　日

任务二　无机结合料稳定材料试件制作方法(圆柱形)(T 0843—2009)(JTG E51—2009)

一、目的与适用范围

本方法适用于无机结合料稳定材料的无侧限抗压强度、间接抗拉强度、室内抗压回弹模量、动态模量、劈裂模量等试验的圆柱形试件。

二、仪器设备

(1)方孔筛：孔径53 mm、37.5 mm、31.5 mm、26.5 mm、4.75 mm和2.36 mm的筛各1个。

(2)试模：细粒土，试模的直径×高＝ϕ50 mm×50 mm；中粒土，试模的直径×高＝ϕ100 mm×100 mm；粗粒土，试模的直径×高＝ϕ150 mm×150 mm。

(3)电动脱模器。

(4)反力框架：规格为400 kN以上。

(5)液压千斤顶：200～1 000 kN。

(6)压力试验机：可替代千斤顶和反力框架，量程不小于2 000 kN，行程、速度可调。

(7)钢板尺：量程200 mm或300 mm，最小刻度为1 mm。

(9)电子天平：量程15 kg，感量0.1 g；量程4 000 g，感量0.01 g。

(9)游标卡尺：量程200 mm或300 mm。

(10)量筒、拌合工具、漏斗、大小铝盒、烘箱等。

三、试验准备

(1)试件的径高比一般为1∶1，根据需要也可成型1∶1.5或1∶2的试件。试件的成型根据需要的压实度水平，按照体积标准，采用静力压实法制备。

(2)将具有代表性的风干试料(必要时，也可以在50 ℃烘箱内烘干)，用木槌捣碎或用木碾碾碎，但应避免破坏粒料的原粒径。按照公称最大粒径的大一级筛，将土过筛并进行分类。

(3)在预定做试验的前一天，取有代表性的试样测定其风干含水率。对于细粒土，试样应不少于100 g；对于中粒土，试样应不少于1 000 g；对于粗粒土，试样应不少于2 000 g。

(4)用击实试验法确定无机结合料混合料的最佳含水率和最大干密度。

(5)根据击实结果，称取一定质量的风干土，其质量随试件大小而变。对于ϕ50 mm×50 mm的试件，1个试件需干土180～210 g；对于ϕ100 mm×100 mm的试件，一个试件需干土1 700～1 900 g；对于ϕ150 mm×150 mm的试件，一个试件需干土5 700～6 000 g。

对于细粒土，一次可称取 6 个试件的土；对于中粒土，一次宜称取 3 个试件的土；对于粗粒土，一次只能称取 1 个试件的土。

(6)将准备好的试料分别装入塑料袋中备用。

四、试验步骤

(1)调试成型所需的各种设备，检查是否运行正常；将成型用的模具擦拭干净，并涂抹机油。成型中、粗粒土时，试模筒的数量应与每组试件的个数相配套。上下垫块应与试模筒相配套，上下垫块能够刚好放入试筒内上下自由移动(一般来说，上下垫块直径比试筒内径小约 0.2 mm)且上下垫块完全放入试筒后，试筒内未被上下垫块占用的空间体积能满足径高比为 1∶1 的设计要求。

(2)对于无机结合料稳定细粒土，至少应该制备 6 个试件；对于无机结合料稳定中粒土和粗粒土，至少应该分别制备 9 个和 13 个试件。

(3)根据击实结果和无机结合料的配合比，按式(5-5)计算每份料的加水量、无机结合料的质量。

$$m_w=\left(\frac{m_n}{1+0.01w_n}+\frac{m_c}{1+0.01w_c}\right)\times 0.01w-\frac{m_n}{1+0.01w_n}\times 0.01w_n-\frac{m_c}{1+0.01w_c}\times 0.01w_c \tag{5-5}$$

式中 m_w——混合料中应加的水量(g)；

m_n——混合料中素土(或集料)的质量(g)，其原始含水率为 w_n，即风干含水率(%)；

m_c——混合料中水泥或石灰的质量(g)，其原始含水率为 w_c(%)(水泥的 w_c 通常很小，也可以忽略不计)；

w——要求达到的混合料的含水率(%)。

(4)将称好的土放在长方盘(约 400 mm×600 mm×70 mm)内。向土中加水拌料、闷料。石灰稳定材料、水泥和石灰粉煤灰综合稳定材料，可将石灰或粉煤灰和土一起拌和，将拌和均匀的试料放在密闭容器或塑料袋(封口)内浸润备用。

对于细粒土(特别是黏性土)，浸润时的含水率应比最佳含水率小 3%；对于中粒土和粗粒土，按最佳含水率加水；对于水泥稳定材料，加水量应比最佳含水率小 1%～2%。应加的水量可按式(5-5)计算。

浸润时间：黏性土为 12～24 h；粉质土为 6～8 h；砂类土、砂砾土、红土砂砾、级配砂砾等可缩短到 4 h 左右；含土很少的未筛分碎石、砂砾及砂可以缩短到 2 h。浸润时间一般不超过 24 h。

(5)在试件成型前 1 h 内，加入预定数量的水泥并拌和均匀。在拌和过程中，应将预留的水(细粒土为 3%，水泥稳定类为 1%～2%)加入土中，使混合料达到最佳含水率。拌和均匀的加有水泥的混合料应在 1 h 内按下述方法制成试件，超过 1 h 的混合料应该作废。其他结合料稳定材料虽不受限制，但也应尽快制成试件。

(6)采用反力框架和液压千斤顶，或采用压力试验机制件。将试模配套的下垫块放入试模的下部，但外露 2 cm 左右。将称量的规定数量 m_2 的稳定材料混合料分 2～3 次灌入试模，每次灌入后用夯棒轻轻均匀插实。如制取 ϕ50 mm×50 mm 的小试件，则可将混合料一次倒入试模。然后将与试模配套的上垫块放入试模内，也应使其外露 2 cm 左右(上、下垫块露出试模外的部分应该相等)。

(7)将整个试模(连同上、下垫块)放到反力框架内的液压千斤顶上(液压千斤顶下应放一扁球座)或压力机，以 1 mm/min 的加载速率加压，直到上下压柱都压入试模为止。维持压力 2 min。

(8)解除压力后，取下试模，并放到脱模器上将试件顶出。用水泥稳定有黏结性的材料(如黏质土)时，制件后可立即脱模；用水泥稳定无黏结性的细粒土时，最好过 2～4 h 再脱模；对于中、粗粒土的无机结合料稳定材料，也最好过 2～6 h 再脱模。

(9)在脱模器上取试件时，应用双手抱住试件侧面的中下部，然后沿水平方向轻轻旋转，待感觉到试件移动后，再将试件轻轻捧起，放置到试验台上。切勿直接将试件向上捧起。

(10)称试件的质量 m_2，小试件精确到 0.01 g；中试件精确到 0.01 g；大试件精确到 0.1 g。然后用游标卡尺测量试件的高度 h，精确到 0.1 mm。检查试件的高度和质量，不满足成型标准的试件作为废件。

(11)试件称量后，应立即将其放在塑料袋中密封，并用潮湿的毛巾覆盖，移放至养生室。

五、结果处理

(1)单个试件的标准质量：

$$m_0=V\times\rho_{\max}\times(1+w_{\mathrm{opt}})\times\gamma \tag{5-6}$$

考虑到试件成型过程中的质量损耗，实际操作过程中每个试件的质量可增加 0～2%，即

$$m_0'=m_0\times(1+\delta) \tag{5-7}$$

每个试件的干料(包括干土和无机结合料)总质量：

$$m_1=\frac{m_0'}{1+w_{\mathrm{opt}}} \tag{5-8}$$

每个试件中的无机结合料质量：

外掺法

$$m_2=m_1\times\frac{\alpha}{1+\alpha} \tag{5-9}$$

内掺法

$$m_2=m_1\times\alpha \tag{5-10}$$

每个试件中的干土质量：

$$m_3=m_1-m_2 \tag{5-11}$$

每个试件中的加水量：

$$m_{\mathrm{w}}=(m_2+m_3)\times w_{\mathrm{opt}} \tag{5-12}$$

验算：

$$m_0'=m_2+m_3+m_{\mathrm{w}} \tag{5-13}$$

式中　V——试件体积(cm^3)；

w_{opt}——混合料最佳含水率(%)；

ρ_{max}——混合料最大干密度(g/cm^3)；

γ——混合料压实度标准(%)；

m_0、m_0'——混合料质量(g)；

m_1——干混合料质量(g)；

m_2——无机结合料质量(g)；

m_3——干土质量(g)；

δ——计算混合料质量的冗余量(%)；

α——无机结合料的掺量(%)；

m_w——加水质量。

(2)结果整理：

1)小试件的高度误差范围应为－0.1～0.1 cm；中试件的高度误差范围应为－0.1～0.15 cm；大试件的高度误差范围应为－0.1～0.2 cm。

2)质量损失：小试件应不超过标准质量 5 g，中试件应不超过 25 g，大试件应不超过 50 g。

六、实训报告

实训报告见表 5-12。

表 5-12　实训报告

日期：　　　　　　　班级：　　　　　　　组别：　　　　　　　姓名：　　　　　　　学号：

实训模块/任务										
实训目的										
主要仪器										
试验方法			试验依据			试验日期				
土质类型			结合料类型及剂量/%			最佳含水率/%				
最大干密度/($g\cdot cm^{-3}$)			试件压实度/%			试件标准质量/g				
试件编号	直径/mm				高度/mm				质量/g	误差/g
	1	2	3	平均	1	2	3	平均		
1										
2										
3										
4										
5										
6										
7										
8										

续表

实训模块/任务										
9										
10										
11										
12										
13										
备注										
纠错与提升：（位置不够，可另行加页）										
检测总结：（位置不够，可另行加页）										

考核评定	考核方式	总评成绩
	自评：	
	互评：	
	教师评：	

任务三　无机结合料稳定材料无侧限抗压强度试验方法（T 0805—1994）（JTG E51—2009）

一、目的与适用范围

本方法适用于测定无机结合料稳定材料（包括稳定细粒土、中粒土和粗粒土）试件的无侧限抗压强度。

二、仪器设备

（1）标准养护室。

（2）水槽：深度应大于试件高度 50 mm。

(3)压力机或万能试验机(也可用路面强度试验仪和测力计)：压力机应符合相应的要求，其测量精度为±1%，同时应具有加载速率指示装置或加载速率控制装置。上下压板平整并有足够刚度，可以均匀地连续加载卸载，可以保持固定荷载。开机停机均灵活自如，能够满足试件吨位要求，且压力机加载速率可以有效控制在1 mm/min。

(4)电子天平：量程15 kg，感量0.1 g；量程4 000 g，感量0.01 g。

(5)量筒、拌合工具、大小铝盒、烘箱等。

(6)球形支座。

(7)机油：若干。

三、试验准备

(1)试件制备。

1)细粒土：试模的直径×高＝ϕ50 mm×50 mm；

2)中粒土：试模的直径×高＝ϕ100 mm×100 mm；

3)粗粒土：试模的直径×高＝ϕ150 mm×150 mm。

(2)按照现行试验规程的方法成型径高比为1∶1的圆柱形试件。

(3)按照现行试验规程的标准养生方法进行7 d的标准养生。

(4)将试件两顶面用刮刀刮平，必要时可用快凝水泥砂浆抹平试件顶面。

(5)为保证试验结果的可靠性和准确性，每组试件的数目要求为：小试件不少于6个；中试件不少于9个；大试件不少于13个。

四、试验步骤

(1)根据试验材料的类型和一般的工程经验，选择合适量程的测力计和压力机，试件破坏荷载应大于测力量程的20%且小于测力量程的80%。将球形支座和上下顶板涂上机油，使球形支座能够灵活转动。

(2)将已浸水一昼夜的试件从水中取出，用软布吸去试件表面的水分，并称量试件的质量m_4。

(3)用游标卡尺测量试件的高度h，精确到0.1 mm。

(4)将试件放在路面材料强度试验仪或压力机上，并在升降台上先放一扁球座，进行抗压试验。试验过程中，应保持加载速率约为1 mm/min。记录试件破坏时的最大压力P(N)。

(5)从试件内部取有代表性的样品(经过打破)，按照现行试验规程的方法，测定其含水量w。

五、结果整理

(1)试件的无侧限抗压强度R_c，按式(5-14)计算：

$$R_c=\frac{P}{A} \tag{5-14}$$

式中 R_c——试件的无侧限抗压强度(MPa)；

P——试件破坏时的最大压力(N)；

A——试件的截面面积(mm^2)，$A=\pi D^2/4$；

D——试件的直径(mm)。

(2)数据处理。

1)抗压强度保留 1 位小数。

2)同一组试件试验中，采用 3 倍均方差方法剔除异常值，小试件可允许有 1 个异常值；中试件允许有 1～2 个异常值；大试件允许有 2～3 个异常值。异常值数量若超过上述规定，需重做试验。

3)同一组试验的变异系数 C_v(%)应符合下列规定，方位有效试验：小试件 $C_V\leqslant 6\%$；中试件 $C_V\leqslant 10\%$；大试件 $C_V\leqslant 15\%$。如果不能保证试验结果的变异系数小于规定的值，则应按允许误差 10%和 90%概率重新计算所需的试件数量，增加试件数量并另做新试验。将新试验结果与老试验结果一并重新进行统计评定，直到变异系数满足上述规定。

(3)报告内容。

1)材料的颗粒组成。

2)水泥的种类和等级或石灰的等级。

3)重型击实的最佳含水率(%)和最大干密度(g/cm^3)。

4)无机结合料类型及剂量。

5)试件干密度(保留 3 位小数，g/cm^3)或压实度。

6)吸水量以及测抗压强度时的含水量(%)。

7)抗压强度，保留 1 位小数。

8)若干个试验结果的最小值、最大值、平均值$\overline{R_c}$、标准差 S、变异系数 C_V 和 95%概率的值 $R_{c0.95}$($R_{c0.95}=\overline{R_c}-1.645S$)。

六、实训报告

实训报告见表 5-13。

表 5-13 实训报告

日期： 班级： 组别： 姓名： 学号：

实训模块/任务					
实训目的					
主要仪器					
材料的颗粒组成		结合料种类及等级		结合料剂量	
最佳含水率/%		最大干密度/($g\cdot cm^{-3}$)		预定压实度/%	
试模尺寸/mm		龄期/d		试验日期	

续表

实训模块/任务							
试件编号	浸水前试件质量 m_1/g	浸水后试件质量 m_2/g	吸水量 (m_2-m_1)/g	养生前试件高度 h_1/mm	浸水后试件高度 h_2/mm	试件破坏时最大荷载 P/kN	无侧限抗压强度 $R_c=\frac{P}{A}$/MPa
1							
2							
3							
4							
5							
6							
7							
8							
9							
10							
11							
12							
13							

结果	平均值 $\overline{R}$/MPa	标准差 S	变异系数 C_V	强度代表值 $R_d^0=\overline{R}\cdot(1-Z_\alpha\cdot C_V)$/MPa	强度标准值 R_d/MPa	$R_d^0\geqslant R_d$	
						是	否

纠错与提升：(位置不够，可另行加页)

实训总结：(位置不够，可另行加页)

考核评定	考核方式	总评成绩
	自评：	
	互评：	
	教师评：	

模块三　水泥稳定碎石配合比设计应用

理解无机结合料稳定材料配合比设计后，现在请完成项目五给出的工作任务。

【例 5-1】 某二级公路采用水泥稳定碎石路面基层，试按现行技术规范要求的方法进行水泥稳定碎石混合料配合比设计。

【原材料选用】

碎石集料压碎值不大于 30%，碎石集料粒径小于 0.5 mm 的材料塑性指数小于 9，碎石集料级配应符合表 5-3 规定的级配要求。水泥要求为慢凝(要求终凝时间宜在 6 h 以上)复合硅酸盐水泥，强度等级为 32.5。

【设计要求】

水泥稳定碎石的设计 7 d 无侧限抗压强度标准值为 3.5～4.0 MPa，施工时混合料采用厂拌法，采用摊铺机摊铺，工地要求压实度指标为 98%。

一、设计步骤

1. 原材料检验及选定

(1)水泥：当地可供应强度等级为 32.5 的慢凝复合硅酸盐水泥，经检验各项技术指标均满足有关规范要求，可以采用。主要技术指标试验结果列入表 5-14。

表 5-14　水泥材料试验结果汇总表

检验项目		规定值	检验结果
细度/%		＜10.0	9.6
安定性(煮沸法)		合格	合格
初凝时间		＞45 min	2 h 50 min
终凝时间		＜10 h	6 h 15 min
抗压强度/MPa	3 d	16.0	19.2
	28 d	32.5	35.8
抗折强度/MPa	3 d	3.5	3.9
	28 d	6.5	6.7

(2)碎石：当地某石料场可提供 10～30 mm 碎石、5～10 mm 碎石和小于 5 mm 的碎石，碎石集料压碎值分别为 27.2%、25.0%和 26.6%，石屑中小于 0.5 mm 粒料塑性指数为 8。对三种规格碎石材料进行筛分试验，根据筛分结果通过试算法组配混合石料，经计算混合石料级配满足设计要求，可采用。计算结果见表 5-15。

表 5-15　石料筛分和集料级配计算结果表

筛孔/mm	石料筛分通过率/%						集料级配/%	集料级配要求值	
	10～30 mm 粒料		5～10 mm 粒料		＜5 mm 粒料			中值	范围
	100%	20%	100%	45%	100%	35%			
31.5	100.0	20.0	100.0	45.0	100.0	35.0	100	100	100
19.0	54.8	11.0	100.0	45.0	100.0	35.0	91.0	93.5	88～99
9.5	1.5	0.3	65.4	29.4	100.0	35.0	64.7	67.0	57～77
4.75	1.1	0.2	5.9	2.7	97.8	34.2	37.1	39.0	29～49
2.36	0	0	0.7	0.3	78	27.3	27.6	26.0	17～35
0.60	—	—	0	0	32.5	11.4	11.4	15	8～22
0.075	—	—	—	—	13.7	4.8	4.8	3.5	0～7

碎石材料的风干含水率实测值为 0.41%，在本例的计算中碎石材料的含水率按 0 计。

2. 确定水泥剂量的掺配范围

无机结合料稳定材料为水泥稳定级配碎石，使用在路面基层，设计 7 d 无侧限抗压强度标准值为 3.5～4.0 MPa，查表 5-1，水泥剂量按 4%、5%、6%和 7%四种比例配制混合料，即水泥∶碎石为：4∶100、5∶100、6∶100、7∶100。

3. 确定最佳含水率和最大干密度

对四种不同水泥剂量的混合料做标准击实试验，确定出最大干密度和最佳含水率。结果见表 5-16。

表 5-16　混合料标准击实试验结果表

水泥剂量/%	4	5	6	7
最佳含水率/%	5.9	6.0	6.2	6.4
最大干密度/(g·cm^{-3})	2.325	2.330	2.335	2.340

4. 测定 7 d 无侧限抗压强度

(1)制作试件。对水泥稳定级配碎石路面基层混合料强度试件的制备，按现行技术规范规定采用直径×高为 ϕ150 mm×150 mm 的圆柱体试件，每种水泥剂量按 13 个试件配制，工地压实度按 98%控制，现对制备试件所需的基本参数进行计算(参照本项目任务二的“结果处理”内容)。

1)先计算水泥剂量为 4%的各种材料数量，过程如下：

由式(5-6)计算单个试件的标准质量 m_0：

$$m_0=V\times\rho_{max}\times(1+w_{opt})\times\gamma=\frac{\pi\times15^2}{4}\times15\times2.325\times(1+5.9\%)\times98\%=6\ 392.8(g)$$

考虑到试件成型过程中的质量损耗，实际操作过程中每个试件的质量可增加 0～2%，

取中间值1%，由式(5-7)得

$$m'_0=m_0\times(1+\delta)=6\ 392.8\times(1+1\%)=6\ 456.7(\text{g})$$

由式(5-8)计算每个试件的干料(包括干土和无机结合料)总质量 m_1：

$$m_1=\frac{m'_0}{1+w_{\text{opt}}}=\frac{6\ 456.7}{1+5.9\%}=6\ 097.0(\text{g})$$

用外掺法由式(5-9)计算每个试件中的无机结合料，即水泥质量 m_2：

$$m_2=m_1\times\frac{\alpha}{1+\alpha}=6\ 097.0\times\frac{4\%}{1+4\%}=234.5(\text{g})$$

由式(5-11)计算每个试件中的干土质量，即碎石质量 m_3：

$$m_3=m_1-m_2=6\ 097.0-234.5=5\ 862.5(\text{g})$$

由式(5-12)计算每个试件中的加水量 m_w：

$$m_w=(m_2+m_3)\times w_{\text{opt}}=(234.5+5\ 862.5)\times5.9\%=359.7(\text{g})$$

由式(5-13)进行验算：

$$m'_0=m_2+m_3+m_w=234.5+5\ 862.5+359.7=6\ 456.7(\text{g})=m'_0$$

计算无误。

2)用同样的方法计算水泥剂量为5%、6%和7%的混合料制件参数，计算结果见表5-17。

表5-17 混合料制件参数结果表

水泥剂量/%			4	5	6	7
试件计算干密度(最大干密度×压实度)/(g·cm^{-3})			2.279	2.283	2.288	2.293
一个试件所需材料质量/g	水泥 m_2		234.5	291.0	346.6	401.4
	碎石 m_3	10～30(20%)	1 172.5	1 163.8	1 155.3	1 147.0
		5～10(45%)	2 638.1	2 618.6	2 599.4	2 580.7
		＜5(35%)	2 051.9	2 036.7	2 021.8	2 007.2
	水 m_w		359.7	366.6	379.6	392.7
一个试件混合料质量 m'_0/g			6 456.7	6 476.7	6 502.8	6 529.0

(2)测定试件7 d无侧限抗压强度。试件经过6 d标准养生，1 d浸水，按规定方法测得7 d无侧限抗压强度，依照本项目任务一的“试件的强度及计算”内容，对相关参数进行计算。

1)以水泥剂量4%为例，计算过程如下：

由式(5-2)计算强度平均值 $\bar{R}$，将 $n=13$ 代入得

$$\bar{R}=\frac{1}{n}(R_1+R_2+\cdots+R_n)=\frac{1}{n}\sum_{i=1}^{n}R_i=\frac{1}{13}(R_1+R_2+\cdots+R_{13})=3.92(\text{MPa})$$

由式(5-3)计算强度标准差 S，将 $n=13$ 代入得

$$S=\sqrt{\frac{(R_1-\bar{R})^2+(R_2-\bar{R})^2+\cdots+(R_n-\bar{R})^2}{n-1}}=\sqrt{\frac{\sum_{i=1}^{n}(R_i-\bar{R})^2}{n-1}}=0.410$$

由式(5-4)计算强度变异系数 C_V，得

$$C_V=\frac{S}{\bar{R}}=\frac{0.410}{3.92}=10.5\%$$

由式(5-1)计算强度代表值 R_d^0，因为二级公路取保证率 90%，即 $Z_a=1.282$，代入得

$$R_d^0=\bar{R}\cdot(1-Z_aC_V)=3.92\times(1-1.282\times10.5\%)=3.39(\text{MPa})$$

2)用同样的方法计算水泥剂量为 5%、6%和 7%的试件 7 d 无侧限抗压强度相关参数，计算结果见表 5-18。

表 5-18　7 d 无侧限抗压强度试验结果汇总

水泥剂量 /%	强度平均值 $\bar{R}$/MPa	强度标准差 S	强度变异系数 C_V/%	强度代表值 R_d^0/MPa	强度标准值 R_d/MPa	$R_d^0\geqslant R_d$
4	3.92	0.410	10.5	3.39	3.5～4.0	否
5	4.13	0.426	10.3	3.58		偏低
6	4.75	0.496	10.4	4.12		是
7	5.28	0.562	10.6	4.56		偏高

5. 确定目标配合比

通过表 5-18 中最后一列 $R_d^0\geqslant R_d$ 数据比较可知，结合工程的安全、质量和经济考虑，6%的水泥剂量，为最佳水泥用量。则目标配合比：水泥∶集料＝6∶100，混合料的最佳含水率为 6.2%，最大干密度为 2.335 g/cm^3，施工时压实度按 98%控制。

6. 确定生产配合比

施工现场采用集中厂拌法施工，水泥剂量要增加 0.5%，所以工地上实际采用的水泥剂量为 6.5%，即水泥∶集料＝6.5∶100，用内插法求得混合料的最佳含水率为 6.3%，最大干密度为 2.338 g/cm^3，施工时压实度按 98%控制。

本例在配合比设计计算时，因集料的含水率很小，忽略不计，但在工地施工时，集料的含水率不能忽略不计，施工时应根据实际情况对生产配合比进行调整，得出最终的施工配合比。

二、思考与检测

检测报告见表 5-19。

表 5-19　检测报告

日期：　　　　班级：　　　　组别：　　　　姓名：　　　　学号：

检测模块/任务	
检测目的	

续表

<table>
<tr><td>检测模块/任务</td><td colspan="2"></td></tr>
<tr><td colspan="3">检测内容：
根据本项目讲述的方法，完成以下工作任务：
请设计某二级公路路面基层用水泥稳定碎石的配合比。
【设计资料】
1. 水泥稳定碎石的设计 7 d 无侧限抗压强度标准值为 3.5 MPa，工地要求压实度为 98%，工地施工采用集中厂拌法。
2. 原材料：
(1)集料选用 4 种级配，规格为 A(19～31.5)mm、B(9.5～19)mm、C(4.75～9.5)mm、D(0.075～4.75)mm。根据混合料级配要求，确定掺配比例为 $A:B:C:D$＝19%：28%：22%：31%。
(2)水泥选用强度等级为 42.5 普通硅酸盐水泥。</td></tr>
<tr><td colspan="3">答题区：(位置不够，可另行加页)</td></tr>
<tr><td colspan="3">纠错与提升：(位置不够，可另行加页)</td></tr>
<tr><td colspan="3">检测总结：(位置不够，可另行加页)</td></tr>
<tr><td rowspan="4">考核评定</td><td>考核方式</td><td>总评成绩</td></tr>
<tr><td>自评：</td><td rowspan="3"></td></tr>
<tr><td>互评：</td></tr>
<tr><td>教师评：</td></tr>
</table>

参 考 文 献

[1]姜志青. 道路建筑材料[M]. 5 版. 北京：人民交通出版社，2015.

[2]李建刚. 土木工程混合料配合比设计与结构实体质量评定[M]. 郑州：黄河水利出版社，2013.

[3]刘志. 筑路材料及试验检测[M]. 北京：人民交通出版社，2010.

[4]姜志青. 道路建筑材料试验实训指导[M]. 2 版. 北京：人民交通出版社，2012.

[5]夏连学，张艳华. 道路材料技术[M]. 北京：人民交通出版社，2008.

[6]徐培华，王安玲. 公路工程混合料配合比设计与试验技术手册[M]. 北京：人民交通出版社，2001.

[7]中华人民共和国交通运输部. JTG E 42—2005 公路工程集料试验规程[S]. 北京：人民交通出版社，2005.

[8]中华人民共和国住房和城乡建设部. JGJ 55—2011 普通混凝土配合比设计规程[S]. 北京：中国建筑工业出版社，2011.

[9]中华人民共和国交通运输部. JTG 3420—2020 公路工程水泥及水泥混凝土试验规程[S]. 北京：人民交通出版社，2006.

[10]中华人民共和国国家质量监督检验检疫总局，中国国家标准化管理委员会. GB/T 14685－2011 建设用卵石、碎石[S]. 北京：中国标准出版社，2012.

[11]中华人民共和国国家质量监督检验检疫总局，中国国家标准化管理委员会. GB/T 14684－2011 建设用砂[S]. 北京：中国标准出版社，2012.

[12]中华人民共和国住房和城乡建设部，国家市场监督管理总局. GB/T 50081—2019 普通混凝土物理力学性能试验方法标准[S]. 北京：中国建筑工业出版社，2019.

[13]中华人民共和国行业标准. JTG/T F30—2014 公路水泥混凝土路面施工技术细则[S]. 北京：人民交通出版社，2014.

[14]中华人民共和国交通运输部. JTG D40—2011 公路水泥混凝土路面设计规范[S]. 北京：人民交通出版社，2011.

[15]中华人民共和国交通运输部. JTG/T 3650—2020 公路桥涵施工技术规范[S]. 北京：人民交通出版社，2020.

[16]中华人民共和国交通运输部. JTG E51—2009 公路工程无机结合料稳定材料试验规程[S]. 北京：人民交通出版社，2009.

[17]中华人民共和国交通运输部. JTG/T F20—2015 公路路面基层施工技术细则[S]. 北京：人民交通出版社，2015.

[18]中华人民共和国建设部. JGJ 52—2006 普通混凝土用砂、石质量及检验方法标准[S]. 北京：中国建筑工业出版社，2006.

[19]中华人民共和国建设部. JGJ 63—2006 混凝土用水标准[S]. 北京：中国建筑工业出版社，2006.
[20]中华人民共和国住房和城乡建设部. JGJ/T 70—2009 建筑砂浆基本性能试验方法标准[S]. 北京：中国建筑工业出版社，2009.
[21]中华人民共和国住房和城乡建设部. JGJ/T 98—2010 砌筑砂浆配合比设计规程[S]. 北京：中国建筑工业出版社，2011.
[22]中华人民共和国交通运输部. JTG E41—2005 公路工程岩石试验规程[S]. 北京：人民交通出版社，2005.
[23]中华人民共和国交通运输部. JTG E20—2011 公路工程沥青及沥青混合料试验规程[S]. 北京：人民交通出版社，2011.
[24]中华人民共和国交通运输部. JTG F40—2004 公路沥青路面施工技术规范[S]. 北京：人民交通出版社，2005.